여행, 잘 먹겠습니다 1

① 미식여행가 신예희가
세계 낯선 나라에서 음식 즐기는 법

여행,
잘
먹겠습니다

글·그림·사진 **신예희**

이덴슬리벨

나의 밥 여행은 언제나 행복하다

그곳의 사람들과 같은 음식을 먹고 같은 공기를 마시며 같은 똥을 싸기. 이 것은 내 마음대로 공표하는 내 여행의 핵심이다. 여행지에서 만나는 그 나라, 그 지방, 그 민족의 맛있는 음식들 속에는 기후가, 지형이, 역사가, 그리고 문화가 오롯이 담겨 있다. 냠냠 씹어 꿀꺽 삼키는 이 행복한 행위를 통해 많은 것을 느끼고 배운다. 이렇게 쓰고 나니 왠지 좀 있어 보이네.

대부분의 여행이 그렇지만 특히 혼자 떠나는 여행이라면 자신만의 테마가 필요하다. 쇼핑? 그것도 좋다! 여행지의 아울렛 위치와 입점 브랜드들, 신제품 입고 날짜를 꼼꼼히 조사해 가서 발바닥에 불이 날 때까지 샅샅이 훑는 재미, 벼룩시장 이쪽 끝에서부터 저쪽 끝까지 눈에 불을 켜고 가격을 비교하며 손톱이 드릉드릉하도록 흥정을 하는 재미란!

미술관 관람? 그것도 최고의 계획이다! 교과서에서만 보았던, 그리고 인터넷에서 사진으로만 구경했던 그림과 조각, 건축물들을 직접 내 눈 속에 담아온다는 게 얼마나 멋진 일인지. 아무리 시간을 아껴도 1박 2일은 꼬박 돌아봐야

www.lazyphoto.com

겠다 싶은 큰 규모의 박물관은 물론이고 아담한 규모의 갤러리들을 순례하면서
갤러리 주인장의 취향을 느껴보는 즐거움도 크다. 좋아하는 영화의 촬영장소를
둘러보는 것도, 축구장과 야구장에서 목이 터져라 응원을 하는 것도 멋지다. 테
마가 있다는 것만으로도 홀로 이곳저곳을 돌아다닐 힘이 되기 때문이다.

　혼자선 여행을 가고 싶지 않다는 친구에게 그 이유를 물었더니 "생각밖에
할 게 없을 것 같아서 그래"라는 대답을 들었다. 그 마음, 충분히 공감한다. 혼
자 이곳저곳을 하루 이틀 돌아다니다 보면 걸으면서도, 식사하면서도, 쇼핑하면
서도, 차 한 잔 하면서도, 화장실에서 힘을 주면서도(여행의 동반자 변비) 끊임없
이 이런저런 생각을 하게 마련이다. 대화 나눌 상대가 없기 때문일까? 입을 꼭
다물고 생각만 하다 보면 금세 우울해져 여행의 즐거움은 커녕 어서 집에 돌아
갈 궁리를 하게 된다. 그럴 땐 무언가 혹할 만한 것을 나 자신에게 보여주며 주
의를 환기시킬 필요가 있다. 호기심과 즐거움을 불러일으키는 건 언제나 새롭
고 흥미진진한 맛의 세계다. 신기한 음식들에 연신 도전장을 내미는 사이 머리

를 복잡하게 만들었던 오만 가지 생각들은 어느새 풍성한 이야깃거리로 변신 완료. 이러니 내 여행의 큰 테마가 맛있는 음식일 수밖에!

즉석에서 살아 있는 닭의 목을 따고 털을 뽑아주는 말레이시아의 재래시장이며, 소심하게 한입 살짝 깨물자마자 귓속까지 얼얼해지던 벨리즈의 하바네로 고추는 아직까지도 내 가슴을 벌렁거리게 만드는 잊지 못할 경험들이다. 불가리아에선 아침마다 눈곱만 겨우 뗀 채 갓 구워낸 바삭한 바니차(치즈가 들어 있는 커다란 페이스트리)를 사러 갔었다. 이 큰걸 언제 다 먹나 싶지만 어느새 부스러기만 남기 일쑤였지. 가끔은 신장 위구르의 양 통구이가 그립기도 하다. 고운 황갈색이 나도록 맛나게 구워 커다란 칼로 착착 썬 고깃점을 한 접시 그득 받아 야무지게 먹었던 기억. 모두 내 눈과 입을 즐겁게 해주고 내 외로움을 달래준 고맙고 사랑스러운 먹거리들이다. 어찌나 사랑스러운지 헤어지기 아쉬워 결국 내 아랫배에 두툼히 붙여 왔을 정도니 말이다.

겨울엔 여름을 그리워하고 여름엔 겨울을 손꼽아 기다린다. 글을 쓰고 있는

i picked the flower when i wand through the jardin des tuileries.

지금 이 순간에도 지난 여행을 떠올리면 또다시 엉덩이가 근질근질하다. 어서 어서 다시 떠나라고 마음으로 내 등을 떠미는 기분이다. 이번엔 또 어떤 음식을 먹으러 어떤 곳으로 떠나볼까 하며 금세 요런 조런 꿍꿍이를 시작한다. 여행이 란 답도 없고 약도 없는 병이다 병!

언제나 혼자 떠나는 길, 든든한 지원군이 없이는 아마도 무척 힘들었을 것 이다. 이런 저런 잔소리를 하시면서도 그 누구보다 애정 어린 응원과 따뜻한 격 려를 아끼지 않으시는 부모님께 이 책을 통해 감사드린다.

신 예 희

contents

세계라는 커다란 식탁 말레이시아

배꼽시계 차고 출발! 벨리즈

Bulgaria

세상에 이런 맛이!

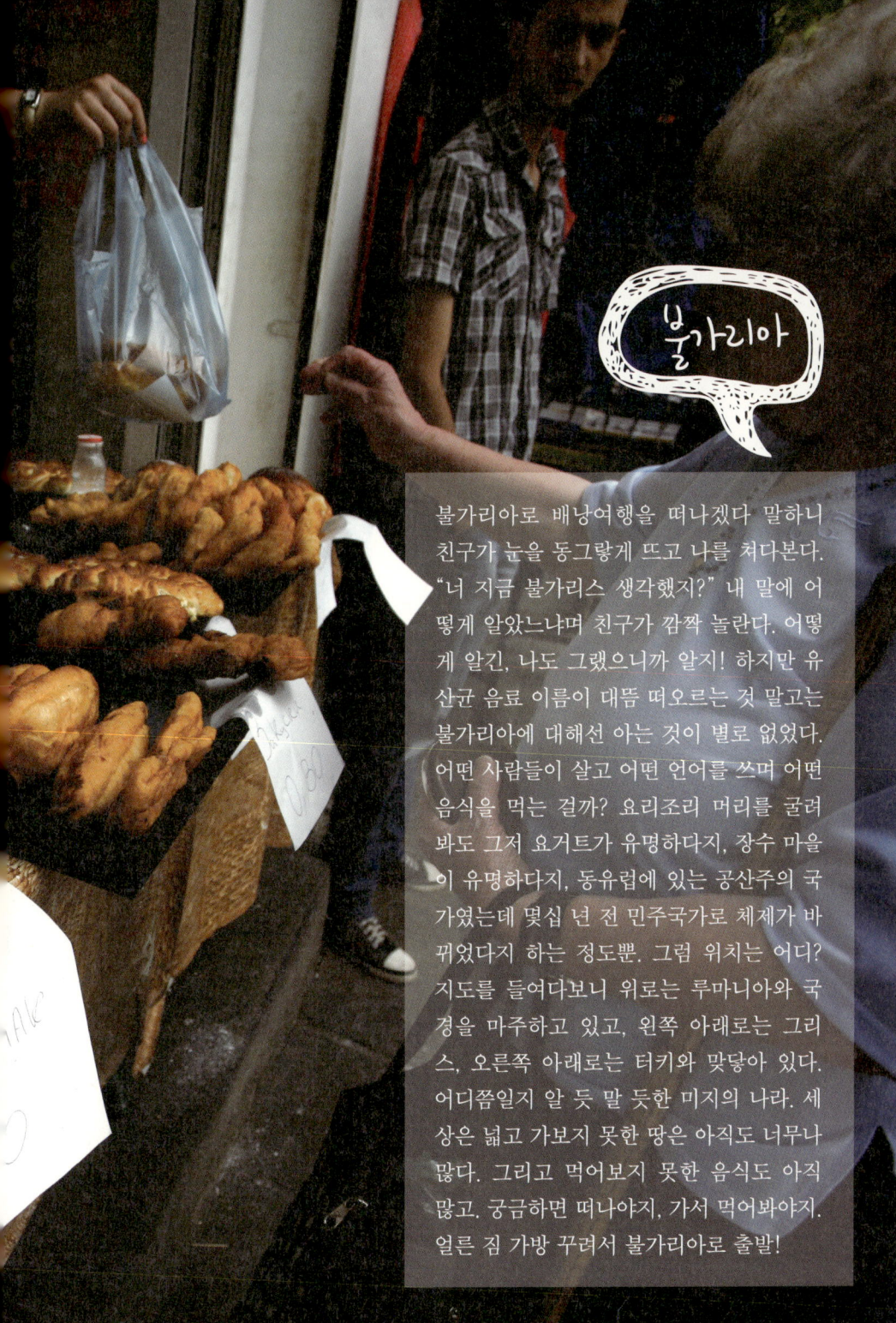

불가리아

불가리아로 배낭여행을 떠나겠다 말하니
친구가 눈을 동그랗게 뜨고 나를 쳐다본다.
"너 지금 불가리스 생각했지?" 내 말에 어
떻게 알았느냐며 친구가 깜짝 놀란다. 어떻
게 알긴, 나도 그랬으니까 알지! 하지만 유
산균 음료 이름이 대뜸 떠오르는 것 말고는
불가리아에 대해선 아는 것이 별로 없었다.
어떤 사람들이 살고 어떤 언어를 쓰며 어떤
음식을 먹는 걸까? 요리조리 머리를 굴려
봐도 그저 요거트가 유명하다지, 장수 마을
이 유명하다지, 동유럽에 있는 공산주의 국
가였는데 몇십 년 전 민주국가로 체제가 바
뀌었다지 하는 정도뿐. 그럼 위치는 어디?
지도를 들여다보니 위로는 루마니아와 국
경을 마주하고 있고, 왼쪽 아래로는 그리
스, 오른쪽 아래로는 터키와 맞닿아 있다.
어디쯤일지 알 듯 말 듯한 미지의 나라. 세
상은 넓고 가보지 못한 땅은 아직도 너무나
많다. 그리고 먹어보지 못한 음식도 아직
많고. 궁금하면 떠나야지, 가서 먹어봐야지.
얼른 짐 가방 꾸려서 불가리아로 출발!

소피아 시내를 가로지르며 달리는 전차.

낯선 곳,
낯선 아침밥

　어느 나라로 여행을 가든 첫날엔 그저 어리벙벙하다. 짐가방을 메고 끌고 여차여차 시내에 도착하긴 했지만 여긴 어디? 나는 누구? 외국에 온 것 맞아? 비행시간이 길면 길수록, 그리고 도착한 시간이 늦으면 늦을수록 그 어리벙벙함은 더하다. 이럴 땐 얼른 숙소(주로 호스텔 같은 배낭 여행자 숙소를 이용한다) 방에 짐을 풀고 샤워를 한 후 잠을 청하는 게 최고다. 여행 첫날 잠을 잘 자야 시차 적응하기도 좋기 때문이다. 그리고 다음 날 아침 일찍 일어나 숙소 근처에서 적당히 아침을 사 먹으며 천천히 천천히 주변 풍경을 부은 눈에 담는 것이다.

　어우, 인제야 정신이 좀 나네. 이제부터가 진짜 여행의 시작! 불가리아의 수도 소피아에서 가장 처음으로 먹은 아침 식사는 '바니차'다. 그저 큼직한 빵 한 조각일 뿐이니 소박하다고 할 수도 있지만, 양심상 차마 그런 소리는 못하겠다. 왜냐, 빵을 쥔 손과 크게 베어 문 입 주변에 버터기름이 가득 묻어날 정도로 열량이 굉장히 높거든! 입이 찢어져라 하품을 하고 눈곱을 툭툭 떼며 어슬렁어슬렁 숙소 근처의 빵집 문을 열고 들어가 갓 나온 따끈하고 파삭한 바니차와 차가운 '아이란'한 병을 산다. 먹고 갈까, 숙소로 가져갈까? 귀찮다. 먹고 가자.

일반적으로 바니차는 기다란 직사각형 모양이다. 얼추 가로 10센티미터, 세로 30센티미터 가량의 무척 큼직한 페이스트리인데 나 혼자서 이걸 다 어쩌나 싶지만, 우적우적 먹다 보면 어느새 부스러기만 남는다. 내 위장을 과소평가하면 안 되겠지!

바니차는 종잇장같이 얇게 편 페이스트리 반죽을 겹겹이 쌓아 구운 빵인데, 옛날엔 반죽부터 집에서 일일이 만들었다지만 1밀리미터 이하의 정말 얇은 두께인 걸 생각하면, 아이고, 그 힘든 작업을 어떻게 부엌에서 하나하나 했을까 싶다. 다행히 요즘은 공장에서 대량 생산된 반죽을 사다가 집에서 속재료만 만들어 넣어 굽거나 나처럼 빵집에서 완제품을 사다 먹는 게 보통이라고 한다. 반죽 속에는 양젖이나 소젖으로 만든 새하얗고 새큼한 치즈 '시레네'를 넣는다. 두부처럼 네모지고 큼직한 덩어리 모양인데 찰기가 거의 없어 손가락에 힘을 살짝만 주어도 금세 바스러지는 치즈다. 우선 요 시레네 바스라트린 것과 걸쭉한 요거트, 달걀을 섞어 속재

료를 만들어 놓는다. 그 다음 버터 칠을 한 커다란 오븐용 팬에 종이같이 얇은 반죽 한 장을 올리고 그 위에 버터 녹인 것을 바른 후, 속재료를 듬성듬성 올리고 다시 반죽 한 장을 덮는다. 이 과정을 서너 차례 반복해 층층이 쌓은 후 오븐에 넣고 30분쯤 구우면 노릇하게 익는다.

　잘 익은 바니차를 오븐에서 꺼내어 찬물을 적당히 뿌린 다음 그 위를 종이로 덮어 다시 몇 분 더 굽는데, 이렇게 하면 더 파삭파삭하고 맛있어진다나? 버터가 듬뿍 들어간 느끼하고 고소한 페이스트리 사이사이에 새큼하고 짭짤한 치즈와 달걀이 들어 있어 아침부터 뱃속에 기름이 쫙 도는 느낌이다. 바니차를 만들어 파는 빵집엔 케첩과 마요네즈, 겨자가 준비되어 있어 원하는 대로 발라먹을 수도 있다. 햄이라든가 시금치, 호박 등을 넣은 것도 있고 설탕에 조린 사과라든가 달콤한 커스터드를 넣은 바니차도 있는데, 요래조래 맛보니 다들 특색 있고 맛나다. 그래도 역시 오리지널이 최고.

　바니차를 먹다 목이 메면 주먹으로 가슴을 쿵쿵 치며 꿀꺽 넘겨도 되지만(왠지 불쌍하다) 역시 찰떡궁합인 아이란을 마셔 줘야 제대로 아침 식사를 한 것 같다. 아이란은 순두부처럼 뭉글뭉글한 질감의 진한 불가리아 요거트에다 물을 섞은 것으로, 터키에서 전해진 오랜 역사의 음료다. 몇 년 전 터키를 배낭 여행할 때 처음 먹어 보았는데, 마시는 요거트라길래 달콤한 걸 상상했다가 예상을 확 깨는 시큼짭짤한 맛에 꽤 놀랐었다.

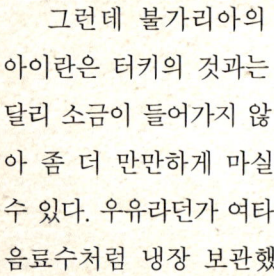

　그런데 불가리아의 아이란은 터키의 것과는 달리 소금이 들어가지 않아 좀 더 만만하게 마실 수 있다. 우유라던가 여타 음료수처럼 냉장 보관했다가 차갑게 마시는데, 여행의 고질병인 변비에 아주 잘 듣는 매우 훌륭한 음료다. 아침 공복에 찬물만 한 컵 마셔도 소식이 오기 마련인데, 요거트로 만든 음료니 오죽할까. 여하튼 아이란은 바니차의 느끼한 기름기도 개운하게 씻어주기 때문에 바니차를 주문하면 으레 "아이란도 줄까?"라는 질문이 돌아온다. 햄버거에 콜라, 치킨에 맥주라면 바니차엔 아이란이다! 워낙 인기 있는 음료라 맥도널드나 서브웨이 같은 패스트푸드 체인점 메뉴에도 당당히 올라 있다.

　아이란 만큼이나 사랑받는 또 다른 음료는 '보자'다. 어디 보자, 걸쭉한 누런색이 진하게 탄 미숫가루와 비슷해 보인다. 바니차와는 궁합이 착착 맞는다는데, 어떠려나? 결론부터 이야기하자면 내 입엔 잘 맞지 않는

애증의 음료다. 다들 꿀꺽꿀꺽 시원하게 마시길래 나도 한 병 마셔볼까 하고 집어들었더니, 옆에 있던 할아버지가 한마디 건네신다. "둘 중 하나야. 좋아하거나 싫어하거나!" 말인즉슨, 워낙 독특한 맛이라 처음 마시는 사람은 극과 극의 반응을 보인다는 소리다.

아 됐고요, 먹어 봐야 맛을 알지. 뚜껑을 드르륵 돌려 열고 꿀꺽꿀꺽 마셔보니 역시나 진한 보리차 같은 구수한 곡물 맛이 나고 설탕도 넣었는지 달콤하다. 그리고 무엇보다 시큼한 술맛이 확 끼친다! 어라, 이거 상한 거 아냐? 두근두근한 마음으로 내 반응을 살피는 할아버지의 얼굴을 홱 쳐다보자 내 머릿속을 들여다보기라도 한 듯 원래 그런 거라며 껄껄 웃으신다. 발효 음료라 그렇다는 것이다. 어머머, 그럼 술이야? 알코올 도수 1퍼센트가 채 되지 않기 때문에 아이들도 문제없이 마신다는데, 도수 낮은 막걸리에다 미숫가루와 설탕을 타면 요것과 비슷한 맛이겠지 싶다.

아이란처럼 역사가 오래된 음료로, 대략 10세기쯤부터 만들어 마셨다니 나도 보자의 긴긴 역사에 즐겁게 동참하고 싶지만 내 입에는 영 맞지 않으니 아쉽다. 비타민도 유산균도 풍부하다며 쭉쭉 더 마시라고 할아버지가 계속 부추기지만(가게 주인과 다른 손님들도 합류했다) 영 친해지기 쉽지

않은 맛이었다.

　누군가 가슴이 커질 거라는 솔깃한 말을 하길래 설마 농담이겠지 하며 웃자 정말이라고 재차 말한다. 아기엄마들이 출산 후 젖이 잘 나오게 하기 위해서 보자를 많이 마신다고. 어머 웬일이니! 새삼 다시 보인다. 보자는 불가리아뿐 아니라 터키와 카자흐스탄, 알바니아, 보스니아 등에서도 두루 마시는 음료인데 나라마다 그 재료가 조금씩 다르다. 터키의 경우엔 주로 밀을, 알바니아에선 옥수수를, 불가리아에선 기장을 사용한다니 아마도 나라마다 생산량이 풍부한 곡물을 이용하는가보다. 보자는 질감만 걸쭉한 게 아니라 열량도 상당해서 밥 대용으로 꿀꺽꿀꺽 마시기도 한단다. '마시는 빵'이라는 별명이 있을 정도라고. 맛을 보면 볼수록, 이야기를 들으면 들을수록 왠지 막걸리 같은 친근함이 느껴진다.

　바니차 이야길 하다가 잠시 삼천포로 빠졌네. 온 사방에 부스러기를 흩뿌리며 우적우적 먹다 보니 어느새 끝이 보인다. 바니차처럼 버터를 듬뿍듬뿍 넣어 만든 페이스트리류는 대부분 맛이 좋은데(살찌는 음식은 원래 다 맛있다. 슬픈 현실!) 불가리아의 담백한 식사용 빵들은 뜻밖에 맛이 별로라 좀 놀랐다. 가까운 터키의 '에크멕'이라던가 프랑스의 바게트 같은 것을 기대했는데 어휴, 미안하지만 그런 빵들과는 비교가 안 되겠다. 유럽의 발효 빵은 으레 다 맛있을 거라고 생각했다가 뒤통수를 제대로 맞았네. 그래도 불가리아의 대표 빵이라 할 수 있는 바니차 맛이 좋으니 대충 넘어가야지.

바니차는 아침 식사용으로 인기가 좋지만 사실 온종일 아무 때나 쉽게 사 먹을 수 있다. 빵집 외에도 길거리의 신문 가판대며 기차역, 버스 터미널의 매점에서도 팔고 있다. 물론 이런 곳의 바니차는 직접 만든 게 아니라 가져다가 파는 거라 아무래도 맛이 덜하지만, 기차나 버스로 장거리 이동을 할 때 하나 챙겨서 올라타면 마음이 든든하다. 가격도 저렴하니 이보다 더 좋을 순 없지. 빠듯한 예산의 배낭 여행자에겐 무척 중요한 부분이다.

사실 바니차는 불가리아의 대표적인 명절 음식이기도 한데, 크리스마스라던가 새해 전야 같은 때에 건강, 사업 대박, 금전 횡재, 시험 합격 등 행운의 메시지들을 적어 돌돌 만 종이를 바니차 반죽 사이사이에 찔러 넣고 굽는단다. 그리고는 온 가족이 둘러앉아 각자의 행운을 뽑는 것이다. 마치 포춘 쿠키처럼 말이다. 내 불가리아 여행은 이제부터 시작인데, 과연 내가 먹은 바니차엔 어떤 행운의 메시지가 들어 있었으려나.

КАЧЕСТВО

БРОИ

ВРЪЗКА

숍스카 샐러드 맛의 비밀은? 싱싱한 토마토와 오이!

샐러드 대표 선수 등장!

　싱싱한 채소를 잘 씻어 물기를 탈탈 털고 먹기 좋게 썰거나 잘라서 좋아하는 드레싱을 뿌려 버무린 음식. 보통 샐러드 하면 이런 게 떠오른다. 거기서 좀 더 나아간다면 그 위의 치즈라던가 달걀, 오독오독 씹히는 고소한 견과류와 고기, 버섯 등 다양한 재료를 더할 수도 있겠지. 어쨌든 내가 생각하는 샐러드의 포인트는 복잡한 조리법이 필요 없는 생채소 한 접시이다.

　불가리아의 식당에서 샐러드를 주문하면 딱 그런 음식이 나온다. 정직해도 너무 정직한 샐러드, 이름하여 '숍스카 샐러드.' 물론 메뉴판엔 그 외에도 여러 가지 샐러드가 적혀 있지만 맨 위에 떡 하니 자리 잡고 있는 것은 언제나 숍스카다. 단 한 번의 예외도 없다. 한마디로 불가리아 대표 샐러드(샐러드를 살라타라고 한다)! 풋내기 여행자의 이 과감한 선언에 대해 불가리아인들에게 "이의 있습니까" 하고 물어보면 80퍼센트 이상, 아니 최소한 과반수는 "이의 없다"고 답하지 않을까 싶을 정도다. 어딜 가나 으레 숍스카다. 심지어 식당 종업원에게 샐러드를 주문하겠다고 하자 홱

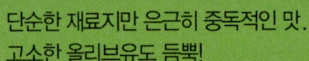
단순한 재료지만 은근히 중독적인 맛.
고소한 올리브유도 듬뿍!

돌아서서(불가리아인들은 꽤 무뚝뚝하다) 주방으로 가 묻지도 따지지도 않고 숍스카 샐러드가 담긴 커다란 접시를 가져와 쿵 하고 테이블에 올려놓은 적도 있으니… 뭐, 말 다했지.

자, 이쯤 되면 은근히 기대된다. 대체 숍스카 샐러드가 뭐야? 그 뭔가 아주 '불가리아적'인 생소하고 신기한 음식이겠지? 그런데 숍스카 샐러드의 재료와 조리법은 좀 섭섭할 만큼 단순하다. 토마토와 오이, 양파, 파프리카 등의 채소를 정직하게 퉁퉁 깍뚝 썰어 소금 간을 살짝 한 다음 그릇에 담고, 그 위에 하얀색의 시레네 치즈를 북북 갈아 듬뿍 얹은 것이 전부다. 드레싱마저도 어찌나 간소한지, 올리브기름을 휙 두르면 끝. 원한다면 식초를 더해도 되는데, 토마토가 워낙 넉넉히 들어가 있기 때문에 새콤한 맛이 부족하진 않다.

위에 갈아 얹는 시레네 치즈는 듬뿍, 정말로 듬뿍이다. 아래에 깔린 채소가 잘 보이지 않을 정도로, 마치 눈 덮인 산처럼 듬뿍 얹는다. 이제 포크로 적당히 휙휙 섞어 우적우적 먹으면 된다. 별거 아니지? 맞다. 정말 별거 아닌 샐러드다. 그런데 이게, 참 별미다. 어제도 먹었지만, 오늘도 먹고 싶고, 또 내일도 먹고 싶은 음식. 왜냐하면 재료가 맛있기 때문이다. 토마토도 오이도 양파도 치즈도 올

리브기름도 모두 최고의 맛. 조리법은 단순함 그 자체지만 재료가 좋으니 그것만으로도 이미 훌륭한 요리가 된다. 햇볕을 듬뿍 받고 자란 속이 알찬 채소의 단맛이란 굉장하다.

한 번은 호스텔에서 만난 네덜란드 청년과 함께 점심을 먹게 되었는데 어라, 이 친구는 달랑 숍스카 샐러드 한 가지만 주문한다. "너 채식주의자야?" 하고 물으니 그건 아니지만, 불가리아의 채소가 너무 맛있어서 다른 건 생각도 안 난다고. "네덜란드의 토마토는 맹맹한 물맛taste like water이야!"라며, 대체 왜 자기네 정부는 불가리아의 토마토를 수입하지 않는 거냐면서 포크를 쥔 채 열변을 토한다. 그래, 이 누나도 네 맘을 충분히 이해한단다. 가끔 싱거운 사과라던가 맹숭맹숭한 수박 따위를 먹으면 나도 신경질이 확 나거든. 어쨌든 이 청년, 빵도 고기도 마다하고 숍스카 샐러드로만 배를 채우는데, 사실 그 래도 괜찮지 싶을 정도로 그 양이 상당하다. "고기 요리(불가리아의 돼지고 기 요리는 정말 맛있다)도, 달콤한 디저트도 먹고 싶은데 이놈의 샐러드 그릇 은 왜 이리 거대한 거야?"라고 말하는 그의 말이 무색하게 난 언제나 식 전 빵부터 디저트까지 싹싹 비운다. 내가 이상한 게 아니라 이 청년의 위 가 너무 작은 겁니다!

아무리 맛있는 음식이라도 매일, 그것도 끼니때마다 먹으면 질릴 수 밖에 없다. 일주일쯤 지나자 숍스카 샐러드가 슬슬 지겨워진다. 다른 것 을 좀 주문해볼까? 메뉴판을 들여다보니 다양한 샐러드가 있다. 오, 좋은 데? 하지만 음식 이름 아래에 작게 쓰여 있는 재료와 조리법 설명을 보니 이거 어째 어디서 많이 본 것들이다. 숍스카 샐러드에 양상추를 더한 것, 숍스카 샐러드에 바질잎 한 움큼을 더한 것, 숍스카 샐러드에 파슬리를 한주먹 더한 것, 숍스카 샐러드에 햄 몇 조각을 더한 것, 혹은 숍스카 샐 러드에 치즈를 갈아서 얹는 대신 큼직하게 토막을 내어 곁들인 것 등. 에 잇, 이 사람들이 장난하나! 어이가 없어서 허허허 웃음이 나온다. 역시 불 가리아 대표 샐러드가 맞긴 맞나 보다.

사실 숍스카 정도까진 아니지만, 어지간한 식당 메뉴에서 빠지지 않 는 샐러드가 하나 더 있긴 하다. 그 유명한 불가리아 요거트(순두부처럼 몽 글몽글하고 진하다)에 잘게 채 썬 오이를 섞은 '스네잔카 샐러드'로, 우리가 보통 생각하는 아삭아삭한 샐러드가 아니라 빵에 발라먹는 크림치즈 같 은 느낌의 음식이다. 스네잔카 샐러드에 대해선 불가리아 요거트 이야기 를 할 때 좀 더 자세히 수다를 떨어볼 예정이다.

어쨌든 숍스카 샐러드는 불가리아의 전통 음식이지만 주변 나라에서 도 무척 인기가 있어 발칸반도는 물론 중부 유럽에까지 진출했다고 한다. 어이구, 출세했네! 그래서 나도 한 몫 거들기로 했다. 한국으로 돌아오는

길에 시레네 치즈를 잔뜩 바리바리 사 들고 와서 냉장고에 차곡차곡 채워 넣었으니 말이다. 그곳에서 지겹게 먹고 또 먹었으니 질릴 만도 하건만 그 단순한 매력에 어느새 푹 빠져버렸다. 요즘도 불가리아가 그리울 때마다 요거 한 접시 뚝딱 만들어 우적우적 먹곤 한다. 토마토와 오이, 양파와 파프리카를 깍둑썰기하고 이 물 건너온 치즈를 벅벅 갈아 올리면 금세 완성. 채소야 마트에 가면 얼마든지 있으니 문제없다.

치즈가 떨어지면 어떡하느냐고? 우리나라에선 불가리아 치즈를 구하기가 어렵지만 사실 시레네 치즈는 마트에서 쉽게 살 수 있는 그리스의 '페타 치즈'와 아주 흡사하다.

여러분도 만들어 보세요!

cheese

시레네가 없을땐
요걸 쓰면 됨!

흣

the 페타치즈님
그리스 출신이십니다

배신자

빠진
시레네

미안... 그치만 넌 마트에 없더라

샐러드 먹다가
지겨워지면

우적

우적

파스타에도
넣어줍니다

파스타는
소금 넣고
삶기!

빨리
익어라

① 파스타 삶는 동안 후라이팬 준비
② 올리브유에 마늘편 넣어 익히고
③ 토마토 한 개 썰어 ②에 넣고
④ 새우 있으면 개도 넣고 익히기

⑤ 후라이팬에 파스타 집어넣고
⑥ 치즈 바스러트려 넣으면 끝
⑦ 이거 술안주로도 끝내줌 ㅎㅎ

다됐당

1인분에
치즈 50g쯤

치즈가 짭짤하니 소금간 필요없어요

꼬치구이 샤슬릭을 해체중인 종업원. 양도 맛도 굉장하다.

육식주의자,
천국을 만나다

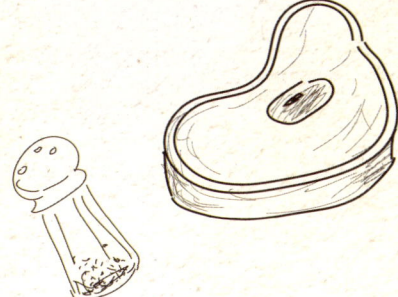

    우리나라에서 불가리아의 수도 소피아로 가기 위해선 최소한 한 번은 비행기를 갈아타야 한다. 아직은 직항편이 없다. 그래서 다양한 항공사의 요런 조런 항공편을 이용해 날아가야 하는데, 그 중 러시아 항공(아에로플로트)의 가격이 비교적 저렴한 편이라 많은 배낭 여행자들이 경유지인 모스크바 공항에서 몇 시간이고 퀭한 눈으로 기다렸다가 비행기를 갈아타곤 한다. 물론 나 역시 마찬가지였다. 그런데 모스크바 공항의 시설은 그다지 좋은 편이 아닌데다 흡연 구역이 확실히 나뉘어 있지 않은 탓에 담배 냄새가 심해서 가만히 앉아만 있어도 지치는 기분이 든다. 그러다 보니 여차여차 다시 소피아행 비행기에 오를 무렵엔 다크서클이 턱 아래까지, 컨디션은 바닥을 치게 된다. 아! 여기까지 쓰고 나니 다시 지치는 기분이다!

    어쨌든 그렇게 산 넘고 물 건너 도착한 소피아. 짐 가방을 메고 끌며 예약해 놓은 호스텔에 떨래떨래 도착하니 붙임성 좋은 직원이 호들갑을 떨며 반겨주어 조금 기운이 났다. 체크인을 마칠 즈음엔 어설픈 농담을 할

거리 곳곳에서 소박한 정육점을 볼 수 있다.

여유도 생겨, "난 불가리아에 맛있는 걸 먹으러 왔어. 밥만 실컷 먹다 갈 거야!"라는 말을 툭 던지자(물론 이건 농담만은 아니다) 무거운 가방을 들어주던 직원이 말하길, "오 그래? 돼지고기 좋아해? 마음껏 즐길 준비 됐어?"라고 한다.

　그렇다. 불가리아에선 고기, 그중에서도 돼지고기가 최고의 대접을 받는다! 여행 안내책자 『론리 플래닛 lonely planet』 불가리아 편의 음식 섹션에도 "pork is king(돼지고기가 왕이다)"이라고 당당히 쓰여 있을 정도니 말 다했지. 물론 닭고기와 양고기도 아주 흔하게 먹는다. 그런데 독특하게도 쇠고기는 그다지 인기가 없다는 사실. 소는 젖을 얻기 위한 용도로 주로 사육하고, 고기는 잘 먹지 않는단다. 대신 송아지는 먹는데, 우리나라에선 쇠고기 하면 으레 'beef'이지만 불가리아에선 'veal', 즉 송아지 고기이다. 길거리 곳곳에서 어렵지 않게 볼 수 있는 정육점을 찾아가 이것저것 구경하다 슬쩍 물어보니 송아지 고기가 일반 쇠고기보다 훨씬 맛있고 기름기도 적단다. 참고로 정육점은 유리창과 간판에 커다랗게 '메쏘meco'라고 쓰여 있어 찾기 쉽다. 메쏘는 돼지, 닭, 양, 송아지 등 온갖 고기를 두루 통칭

하는 말이다.

좋아, 그렇다면 고기를 먹어보자! '메하나mehana'라고 하는 불가리아 전통 레스토랑은 대부분 널찍한 정원을 갖추고 있어 야외에서 산들거리는 바람을 맞으며 기분 좋은 식사를 할 수 있다. 붉은색과 짙은 녹색의 실로 도톰하게 짠 격자무늬 천 테이블보도 멋스러운데, 전통 의상에 많이 사용되는 무늬이다. 나무로 만든 묵직한 테이블과 의자(당겨 앉기 어려울 정도로 묵직하다)와 이 독특한 테이블보의 조합 등 불가리아의 어느 도시에 가든지 메하나의 분위기는 대부분 이렇게 비슷비슷하다. 정원 한 쪽의 커다란 화덕(피자 화덕처럼 생겼다)에선 쉴 새 없이 빵과 고기를 구워내는데 굵직하고 기다란 쇠꼬챙이에 고기와 채소 등을 펜 것이 무척 먹음직스럽다.

"그래, 오늘은 저거야!"

맥주와 함께 냉큼 주문하니 굽는데 시간이 걸리는지 한참 만에 음식을 가져다주는데 어찌나 꼬챙이가 커다랗고 음식량이 푸짐한지 혼자 앉아 있으려니 주변의 시선이 집중되어 조금 민망하다. 그렇지만 뭐 어쩔 거야? 난 혼자서도 밥 잘 먹는 여자라고요.

어디 보자, 목살과 삼겹살 등 돼지의 다양한 부위와 야들야들한 송아지 고기를 아기 주먹만 한 크기의 덩어리로 잘라 꿰고 버섯과 가지, 토마토와 양파 등의 채소 역시 고기 사이 사이에 덩어리째 번갈아 꿰어 구운 푸짐한 음식이다. 종업원이 집게를 이용해 고깃덩어리와 채소를 하나하나 힘겹게 빼서 둥글고 큰 접시에 담아주는데, 어휴, 전부 담고 나니 그 양이 확실히 느껴진다. 이걸 어떻게 다 먹어. 하지만 삼겹살 한 입, 가지 한 입, 송아지 고기 한 입 하며 냠냠 먹다 보니… 어머나? 어느새 접시가 비었네? 호호호. 싱싱한 재료 덕에 단순한 숍스카 샐러드가 그렇게나 맛있었던 것처럼 꼬치 요리 역시 훌륭한 고기 맛 덕에 반짝반짝 빛이 난다.

이 재료 그대로의 맛을 살린 기막힌 꼬치 요리를 '샤슬릭'이라고 하는데, 러시아와 우즈베키스탄 등에서도 비슷한 형태의 요리를 같은 이름으로 부르는 것을 보면 서로 영향을 끼친 게 아닐까 생각된다. 식당에 따라 '쉬쉬체타'라고 부르는 일도 있지만, 종업원의 설명에 따르면 결국 다 같은 거라고 한다. 어쨌든 불가리아의 고기 맛을 한번 보고 나니 갑자기 마음이 급해진다. 다른 고기 요리도 어서 먹어봐야겠네.

　안내책자에서도, 인터넷 검색을 통해 찾은 정보들에서도 공통으로 경고하길 불가리아에선 고기의 특수 부위를 많이 사용하니 마음의 준비를 하라는데 난 그 이야기에 "완전 땡큐"를 외쳤다. 이게 웬 떡이야? 살코기도 맛있지만, 내장과 선지, 혓바닥, 껍데기, 머리 고기 등의 진한 매력도 절대 거부할 수 없다고! 이곳의 정육점엔 우리나라의 마트 고기 판매대나 동네 정육점에선 쉽게 보기 어려운 온갖 특수 부위들이 빨간 조명발을 받으며 빛나고 있다. 그들이 정육점의 주인공이다. 그리고 식당의 메뉴판엔 돼지의 무엇, 소의 어디, 양의 요기조기 하는 식으로 생소하고 흥미로운 부위로 만든 요리가 가득하니, '캬, 이곳이 천국이구나!' 싶다.

　머릿속으로 전체 여행 일수를 가늠해 가며 최대한 다양한 부위를 먹어보자 결심한다. 오늘은 우선 돼지 간 요리부터. 주문을 마치고 좀 기다리니 종업원이 다짜고짜 큼직한 프라이팬을 들고 와 테이블 위에 통째로 쿵 놓아준다. 이놈의 나라는 뭘 시키든지 참 고맙게도 그 양이 대단하다.

이렇게 많이 주면 나보고 어쩌라는 거야… 라고 마음에 없는 소리를 하며 언제나 접시의 영혼까지 싹싹 핥아 먹는다. 그래서, 맛은? 순대를 먹을 때마다 간도 빼놓지 않고 꼭꼭 먹었기에 돼지 간의 맛과 질감은 이미 친숙하다. 여기에 버섯과 양파를 듬뿍 넣고 마늘과 파프리카 가루, 파슬리와 딜dill 등의 허브로 맛과 향을 냈는데 짭조름하고 향긋한 게 술안주로도 딱 맞겠다 싶다. 여기요, 맥주 주세요!

특히 파슬리와 딜, 마늘은 어지간한 고기 요리에는 빠지지 않는 기본 향신료인 듯한데… 우리나라의 고기 양념이 간장과 설탕, 마늘, 다진 파와 참기름을 기본으로 고춧가루와 생강, 양파 등을 더하거나 빼 만든다는 걸 생각하면 불가리아에선 파슬리와 딜, 마늘이 그런 존재인가 싶다. 그래서 많은 고기 요리에서 이 세 가지 허브의 맛과 향이 나, 모든 요리가 어느 정도는 비슷비슷하게 느껴지기도 한다. 일전에 외국에서 온 손님에게 우리 음식을 여러 가지 대접했는데 하나같이 '맵다, 마늘 맛이 강하다, 간장 맛이다'는 반응을 보였던 게 생각난다. 나라마다 고유의 기본양념에서 비롯된 특유의 맛과 향이 있는 게지.

이번엔 양의 간 요리에 도전! 이것 역시 푸짐함으로 승부를 겨루는데, 지름이 얼추 30센티미터는 되어 보이는 아주 크고 둥근 불가리아 전통 도자기 구이팬 '사체' 위에 간과 채소를 넣은 쌀 요리가 그득하다. 양의 간을 소금물에 삶아 꺼내어 깍둑썰기해놓고 양파와 파, 민트잎 등의 향긋한 향신 채소들을 채 썰어 버터에 볶다가 썰어놓은 간과 쌀, 피망 등을 넣어 양고기 육수를 끼얹어 가며 쌀이 어느 정도 익을 때까지 계속 볶은 후 마지막으로 오븐에 넣어 살짝 더 구워내면 완성.

캬, 맛을 보니 아주 끝내준다! 입맛은 제각각인지라 누군가에겐 뜨악한 괴식일 수도 있을 텐데 내장 요리를 좋아하는 나에겐 굉장한 별미다. 여기에 진한 요거트로 화룡점정을 콕 찍는다. 콩나물밥이나 곤드레 밥에

간장 양념장을 뿌려 썩썩 비벼 먹듯이 이 양의 간으로 만든 쌀 요리 '드롭 사르마'엔 요거트를 뿌려 먹는다. 간 특유의 누린내를 요거트의 시큼한 맛이 확실히 잡아주니 맛이 몇 배는 더 좋아지는 느낌이다. 세상에나, 이런 별미가 다 있네! 재료를 볶아 익히는 대신 육수를 넉넉하게 부어 푹 끓여 수프처럼 먹어도 무척 맛있다. 사실 수프라기보다는 든든한 영양죽 같다.

그뿐인가? 송아지 혓바닥 요리 '에직 브 마슬로'도 잊을 수 없을 만치 감동적이다. 소금과 후추 정도로 가볍게 밑간해 버터로 고소하게 지져낸 우설 위에 레몬즙을 뿌려 먹으면 어휴, 살살 녹네 녹아. 맞아, 닭의 간을 살짝 익힌 요리도 굉장했지! 레드와인으로 만든 소스가 참 잘 어울렸는데, 그걸 먹으면서 어찌나 소주 생각이 나던지. 그리고 돼지 창자에 치즈를 채워 구운 요리도 좋았고, 그리고 또, 그리고 또….

호스텔의 아침식사에도 치즈는 빠지지 않는다.

하얀 치즈 줄까,
노란 치즈 줄까?

처음으로 배낭여행을 떠난 것이, 어디 보자, 1997년 여름. 엊그제 일 같지만 사실 꽤 오래전 이야기라 새삼 내 나이를 실감하게 된다. 내 뺨에 흐르는 이 뜨거운 건 뭐지? 육수인가? 눈물이 나지만 모른 척하고 이야기를 계속해보자. 어쨌든 그때부터 지금까지 약 40회 가까이 배낭 여행하면서 참으로 다양한 치즈들을 만났는데, 특히 프랑스와 영국, 스페인과 이탈리아 등에선 일일이 다 맛보기 어려울 정도로 많은 종류의 치즈를 구경할 수 있었다. 역시 치즈 하면 유럽이구먼. 그런데 불가리아에 와보니 당황스럽게도 치즈라고는 단 두 종류뿐. 의외다, 놀랍다! 물론 슈퍼마켓이라든가 대형 상점의 식품 판매대엔 주변 국가에서 수입된 다양한 치즈들이 그득하지만(가격도 괜히 화가 날 정도로 저렴하다) 진짜 불가리아산은 하얀색 치즈와 노란색 치즈 단 두 가지이다. 뭐 이리 간단해?

그 중 하얀색 치즈는 '시레네'라고 한다. 영어로는 sirene, 불가리아어로는 сирене다. 영어 알파벳에 익숙해진 눈으로 이 생소한 키릴Cyrillic 문자를 읽으려니 식은땀이 삘삘 난다. 참고로 불가리아의 수도 소피아Sofia

여행전 열공모드~ 밥 사 먹으려면 키릴어 좀 해야겠지? -.-

Здравей

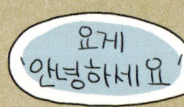

София

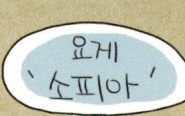

는 София라고 표기. 이거야 원, 밥이라도 사 먹으려면 키릴 문자를 좀 외워가야겠다 싶어 여행을 떠나오기 전에 책상 앞에 각 잡고 앉아 열심히 머리를 굴렸지만… 우와, 이거 너무 어렵다. 불가리아뿐 아니라 러시아와 우크라이나, 몽골 등에서도 사용하는 키릴 문자는 옛날 옛적 약 9세기경 불가리아의 국교인 동방정교회 Eastern Orthodoxy Church 사제 키릴Cyril과 그의 형 메토디오스Methodius가 머리를 맞대고 만든 거라는데 외우다 보면 죄 없는 그분들에게 좀 쉽게 만드시지 그러셨냐며 앙탈이라도 부리고 싶어진다. 우리의 한글도 외국인들에겐 이렇게 어려울까?

진정하고 치즈 이야기로 돌아가자. 시레네는 불가리아와 마케도니아 등 여러 발칸반도 국가에서 두루 먹는 치즈인데, 그중에서도 역시 불가리아에서 제일 인기다. 무척 다양한 음식에 곁들여지고, 물론 칼로 툭툭 썰어 그냥 먹는 경우도 많다. 염소 젖으로 만든 것이 오리지널이긴 한데 요즘은 소 젖과 양젖의 단가가 더 싸기 때문에 주로 그걸로 만든다고 한다. 마트에 가서 시레네 포장지에 그려진 동물의 그림과 가

소피아의 젠스키 시장. 과일과 채소, 치즈, 생활용품들이 가득한 곳.

격표를 들여다보며 비교했더니 역시나 염소 젖으로 만든 게 조금이라도 더 비싸다. 처음 먹어보는 내 입에는 사실 전부 비슷하지만, 불가리아인들은 어떤 동물의 젖을 사용했느냐에 따라 맛도 조리법도 확실히 다르다며 인상을 팍 쓴다. 예를 들어 양젖으로 만든 시레네는 그대로 잘라서 먹지만 소젖으로 만든 건 요리할 때 집어넣고 불에 익혀 먹어야 더 맛이 좋다나? 아이고, 그렇다면 그런 줄 알아 모시겠습니다.

자, 하얀 시레네 치즈를 한입 먹어볼까? 시레네의 질감은 살짝 고슬고슬하고 푸슬푸슬한 게, 보통 치즈 하면 쫄깃하거나 질기고 이빨에 쩍쩍

달라붙는 느낌이 있기 마련이지만 이 치즈는 좀 다르다. 손가락에 살짝 힘을 주어 누르면 쉽게 푸스스 으깨진다. 신맛이 강한 편이고 짭짤한데 야금야금 베어 먹기엔 큰 무리가 없다. 맛이 시큼하다 보니 느끼하지 않고 산뜻해 좋다. 요거 마음에 드네. 작은 가게든 대형 상점이든 간에 어딜 가든 산처럼 쌓인 시레네를 쉽게 볼 수 있는데, 신선한 것을 원하는 만큼 잘라서 살 수도 있고 대량 생산되어 포장된 것을 살 수도 있다. 보통은 800g짜리의 큼직하고 네모진 새하얀 덩어리라 아마 나뿐 아니라 많은 한국인은 이걸 처음 보면 으레 두부인 줄 알 것이다. 그만치 닮았다. 800g, 고기 한 근 반에 가까운 이 묵직한 치즈 덩어리의 가격은 약 7-8 레바 가량이다(1레바는 약 0.5유로).

연한 노란색 치즈 '카쉬카발'은 시레네에 비해 좀 더 기름지고 부드러운 맛이다. 영국의 체다 치즈와 네덜란드의 고다 치즈가 섞인 듯한 느낌. 역시 양젖이나 소젖으로 만드는데, 우리가 보통 치즈 하면 으레 떠올리는 맛과 질감이라 부담 없이 먹기 좋다.

이렇게 두 가지 치즈, 시레네와 카쉬카발이 불가리아를 대표하는 치즈이자 거의 유일한 치즈인데 음식엔 시레네 쪽을 훨씬 더 많이 넣는다.

아침 식사로 인기 만점인 바니차 같은 빵에도 시레네를, 어딜 가든 푸짐하게 먹을 수 있는 숍스카 샐러드에도 시레네를 듬뿍 넣는다. 말하자면, 보통 시레네를 다섯 번 먹는 동안 카쉬카발은 한 번 정도나 먹게 되려나? 편애가 심하네!

한 도시의 호스텔에선 아침 식사로 시리얼과 요거트, 토마토와 두툼하게 썬 시레네를 준비해 주었는데 음식을 만들던 직원이 작은 종지에 담긴 빨간색 가루를 가져와선 치즈 위에 뿌려보라며 권한다. 더 맛이 좋아질 거라나. 이게 뭐지, 설마 마법의 라면 수프는 아니겠지? 쭈뼛거리며 물어보니 파프리카 가루와 허브, 소금 등을 섞은 거란다. 불가리아의 국민 양념이라 해도 과언이 아닌 '샤레나 솔'이다. 권하는 대로 솔솔 뿌려 먹어 보았더니 정말 맛이 좋다. 신기하다! 치즈에다 이런 양념을 더해볼 생각은 미처 하지 못했는데 말이지.

우리 고유의 음식재료가 아닌 만큼, 치즈를 오랫동안 먹어온 외국의 간단하거나 복잡한 요리엔 배울 만한 실용적인 팁이 무척 많다. 샤레나 솔에 관한 이야기는 뒤에서 좀 더 자세히 할 예정이니 잠시 기다려 주세요! 어쨌든 그 외에도 시레네는 잘게 으깨서 오믈렛 속에 듬뿍 넣기도 하고, 달걀흰자를 거품 낸 것과 잘 섞어 피망 속에 채워서 튀겨 먹기도 한다. 이게 또 별미다. 어떤 식으로 먹든 간에 술 생각이 솔솔. 맥주와도 와인과도 궁합이 무척 좋다. 특히 불가리아 와인은 맛도 참 좋고 가격도 저렴하니 여행 온 김에 실컷 마셔야지 그렇지 않음 손해다. 이 괜찮은 술이 아직 우리나라에 잘 알려지지 않았다는 게 좀 아쉽다. 그러니 냉큼 한 병 주문해야겠지? 핑계가 참 좋다. 인생 뭐 있나요!

그나저나 불가리아는 오른쪽 아래론 터키, 왼쪽 아래론 그리스와 국경을 마주한 데다 특히 500여 년에 걸친 긴 시간 동안 오스만튀르크, 즉 터키의 지배를 받았던 만큼 서로 공유하는 음식들이 꽤 많다. 시레네만 해도 터키의 하얀색 치즈인 '베야즈 페이니르'와 무척 흡사하다. 물론 그런 이야기를 대놓고 하면 불가리아인들은 발끈하지만 말이다. 터키 여행 중에 만난 사람들은 요거트도 치즈도 모두 불가리아 사람들이 터키에서 배워간 것이라고 했는데, 불가리아에 오니 그 반대의 이야기를 듣게 된다. 옛날 옛적 고대 트라키아 왕국(지금의 불가리아)에서 처음 만든 치즈인데 터키인들이 훔쳐갔다며 열변을 토한다. 그럼 마찬가지로 옆 나라인 그리스는? 그곳에도 역시 무척 유명한 치즈가 있다. 바로 어느 마트에서나 쉽게 구할 수 있는 페타 치즈다. 그들 역시 페타 치즈는 오직 그리스에서만 만드는 것이라며 발끈하던데, 아이고 골치야.

벨리코투르노보의 구시가지 골목 풍경. 유명한 장수마을이다.

주인공 납시오!
불가리아 요거트

오래 기다리셨습니다! 불가리아 음식 이야기를 한다면서 왜 그 유명하다는 요거트 이야기는 안 하는 걸까 궁금해하셨던 분 많으실 듯. 불가리아로 배낭여행을 간다고 하면 다들 "오~ 불가리스 실컷 마시고 오겠네!"라는 소리를 한다. 어쩜 단 한 사람의 예외도 없이 광고의 힘이겠거니 했는데 이곳에 도착해 보니 정말로 요거트 천지다. '다농'이나 '요플레'등 유명한 글로벌 브랜드의 제품도 있긴 하지만 어째 다른 나라에서만큼은 기를 펴지 못하는 듯, 불가리아 고유의 요거트가 단연 대세다. 포장 용량도 상당한 게, 개중 제일 자그맣다 싶은 것이 500g들이 컵이고 큰 것은 2kg 이상이니 말 다했지.

일단 무조건 하나 사서 낼름 맛을 본다. 우리나라의 떠먹는 요거트도 꽤 진득거린다고 생각했는데, 어이구, 그것과는 비교가 안 되는 질감이다. 그릇에 담아 보니 마치 순두부 덩어리, 혹은 크림치즈 같아 보일 정도다. 야, 이거 장난이 아니네! 불가리아에선 옛날부터 잘 발효된 요거트를 다시 거즈 천으로 만든 주머니에 담고 밤새 매달아 놓아 물기를 쪽 뺐다고

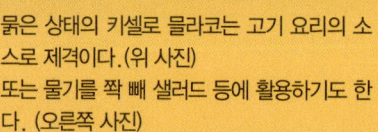
묽은 상태의 키셀로 믈라코는 고기 요리의 소
스로 제격이다.(위 사진)
또는 물기를 쫙 빼 샐러드 등에 활용하기도 한
다. (오른쪽 사진)

한다. 가정에서 직접 만드는 것이든 공장의 대량 생산품이든 이 과정은 절대 빠질 수 없는 아주 중요한 것인데, 수분 함유량이 줄어드는 사이 발효가 계속되기 때문에 맛이 더욱 부드럽고 진해지며 몸에도 더 좋다고 한다. 아자 아자, 유산균 파워!

불가리아 요거트의 정식 명칭은 '키셀로 믈랴코'로 키셀로는 우유, 믈랴코는 신맛을 뜻한다. 이 안에는 바실리쿠스 불가리쿠스Lactobacillus Bulgaricus라는 길고 어려운 이름의 유산균이 들어 있는데(이런 이름은 대체 누가 붙이는 건가요?) 그게 있어야 진짜 불가리아 요거트로 인증을 해준다나? 한 국영 기업체에서 이 어려운 이름의 유산균을 독점으로 관리하며 외국으로 수출할 때 한 나라당 한 회사와만 계약을 맺는단다. 그리고 그 회사에만 제품명에 '불가리아'라는 단어를 쓸 수 있도록 허가해 준다고. 현재 우리나라의 모 회사에서 불가리아와 아주 이름이 흡사한 유산균 음료 제품을 생산·판매하고 있지만, 사실 독점 계약을 맺은 건 다른 회사인지라 둘 사이에 투닥투닥 트러블이 있다는 이야길 뉴스를 통해 들었다. 거참, 골치 아픈 얘기네.

뭐 그런 문제야 높으신 분들이 알아서 할 테니 다시 먹는 이야기로 샥 돌아가 보자. 우리나라에선 요거트를 보통 식사 후 입가심으로 먹는 디저트 정도로 생각한다. 왜냐고? 그야 달달하니까. 불가리아에도 과일 맛이나 초콜릿 맛 등 달콤한 제품이 있지만 거대한 요거트 시장의 작은 일부일 뿐, 이들은 요거트를 어엿한 요리의 재료로 대우한다. 그래서 포장 용량이 크다. 우선 고기나 생선 등 주요리의 소스로 활용되는데, 특히 양고기라던가 동물의 내장 등 누린내가 진한 음식재료와 잘 어울린다. 특유의 시큼한 맛이 고기의 역한 냄새를 잡아주고 풍미를 돋우어 맛이 더욱 아리삼삼해진다. 최고!

혹은 아예 요거트가 요리의 주재료 역할을 하기도 하는데, 이 경우엔 대부분 차가운 전채요리(애피타이저)들이다. 불가리아의 흔한 식당 메뉴판을 쭉 훑어보면 요거트로 만든 전채 요리가 꽤 다양해 고르는 재미가 있다. 대부분 딜dill이나 파슬리 등의 허브와 다진 마늘 등으로 기본양념을 하고 여러 가지 부재료를 더해 요리조리 변주한다. 어떻게 먹어도 산뜻 상큼하니 맛나다. 냠냠.

그럼 본격적으로 요거트 전채요리를 먹어보자! 우선 제일 유명한 것부터, 이름하여 스네잔카 샐러드. 요거트에 오이와 호두, 약간의 다진 마늘과 향긋한 허브를 넣어 섞은 것인데 아이스크림 마냥 둥글게 떠서 접시에 서너 덩어리를 예쁘게 담아 내준다. 샐러드라고 하면 숍스카 샐러드처럼 아삭아삭한 채소가 가득한 것을 생각하게 되지만 스네잔카 샐러드는 빵에 슥슥 발라먹기 좋을 정도로 진득한 크림 상태라 신기하다. 요게 또 무척 만들기 쉬운데, 잘게 채 썬 오이 한 개 분량과 다진 호두 한 줌, 다진 마늘 한 티스푼을 단맛이 전혀 없는 플레인 요거트 600g 정도에 넣어 잘 섞으면 된다. 딜이라던가 파슬리 같은 허브를 넣으면 더 좋지만 없어도 아쉬운 대로 뭐 괜찮다. 간을 보고서 싱거우면 소금도 살짝. 마지막으로 올리브유를 위에다 적당히 두르면 끝. 10분이면 뚝딱이다. 참 쉽다. 만일 정성이 뻗친다면 그 전날 밤 요거트를 면 보자기에 담아 물기를 쪽 빼놓는 게 훨씬 맛 좋다.

이번엔 숙소의 직원이 강력히 추천한 '티크비츠키' 차례. 애호박과 비슷한데 좀 더 사각사각한 질감인 주키니 호박을 착착 썰어 앞뒤로 밀가루를 살짝 묻혀 기름에 지진 다음 물기를 뺀 요거트에 버무리듯이 섞은 음식이다. 요거트엔 다진 마늘과 딜, 파슬리 등으로 기본 밑간을 해놓으면 더욱 맛있다. 새큼한 요거트에 기름기가 더해지니 맛이 더욱 고소하고 진

해진다. 주키니 호박을 호박전 부칠 때처럼 도톰하게 썰어 지져 접시에 평평하게 깔고 그 위에다 요거트를 얹어 먹어도 되고, 가능한 한 아주 아주 얇게 썰어서 지진 후 요거트와 함께 잘 섞어 둥근 덩어리 모양으로 퍼 접시에 담아 먹어도 좋다. 이 경우엔 담백한 빵에 듬뿍 발라먹으면 정말이지 일품. 스네잔카 샐러드도 티크비츠키도 모두 만들기 어렵지 않으니 (요거트 물기 빼는 시간을 제외하면 시간도 많이 걸리지 않는다) 여러분도 꼭 한번 만들어 보세요!

　　요거트에다 잘게 썬 버터와 치즈를 넣어 만드는 음식도 있다. 이걸 '카탁'이라고 하는데, 버터도 요거트도 치즈도 모두 우유에서 나온 형제들이다 보니 세 가지 재료의 조화가 꽤 그럴싸하다. 물기를 쪽 빼 소금과 다진 마늘로 간을 한 요거트에다 시레네 치즈를 곱게 간 것과 잘게 썬 버터를 넣어 섞으면 끝. 버터가 녹지 않게 차가운 상태에서 빨리 만들어 얼른 먹어야 맛이 좋다. 식당 메뉴판에 쓰인 음식 설명을 읽었을 땐 좀 느

끼하지 않을까 생각했는데 보통 요거트 500g 기준으로 치즈 60g, 버터 25g 정도의 비율로 섞으니 맛이 그다지 느끼하지 않고 고소하다. 물론 살은 찌겠지만 말이다. 아아 내 옆구리, 내 아랫배, 내 허벅지….

어라, 이건 또 뭐지? 메뉴판에 'fried yogurt'라고 쓰여 있길래 황당해서 일단 주문해 보니 정말로 요거트 튀긴 것이 나온다. 뭉글뭉글한 순두부 같은 요거트 덩어리 겉면에다 달걀 물을 입혀 잽싸게 튀겨낸 음식이다. 세상에, 재주도 좋아. 요거트를 가지고 정말 별걸 다 만든다. 창의력 대장들 같으니라고! 이 음식은 맛이 이상할 것 같은데 먹어보니 실제로 이상하다… 라는 것은 농담이고(죄송합니다) 뜻밖에 괜찮다. 미리 부드럽게 익혀서 잘게 잘라 놓은 피망과 다진 호두, 딜, 파슬리 등을 섞은 요거트를 살살 굴려가며 튀겼다. 하기야 아이스크림도 튀겨 먹는데 요거트라고 못하란 법은 없지.

앞서 이야기했던 치즈와 마찬가지로 요거트를 두고도 옆 나라인 터키와 티격태격 신경전이 끊이지 않는데, 터키는 자기네가 요거트를 최초로 만들었다 주장하는 반면 불가리아는 터키인들이 무력으로 침공해 요거트 박테리아를 강탈해 갔다며 핏대를 세운다. 그럼 그리스는? 역시 빠질 수 없지. 그들 또한 그리스의 요거트가 세계적으로 제일 유명하고 건강에도 좋다며 열심히 주장하는 중이다. 배낭여행을 통해 세 나라의 요거트를 모두 먹어본 나로서는, 음, 그냥 모두 맛있다는 말로 답을 슬쩍 회피하련다. 어찌 되었든 한 가지는 확실하다. 매우 화장실 친화적인 음식이라는 것. 여행의 지겨운 친구인 변비를 가볍게 물리쳐 주는 고마운 존재다. 변비, 안녕~.

수도원과 박물관을 찾아 가는 가벼운 등산길. 피린산맥의 풍경이 시원하다.

세상에!
허브가 널렸어요

　　불가리아 음식 이야기를 하면서 가장 자주 하게 되는 말은 "이 음식엔 이런저런 허브가 들어가고요"라는 것과 "터키의 영향을 받아서 어쩌고저쩌고"일 것이다. 터키와 불가리아 음식 간의 상관관계에 대해선 나중에 말하기로 하고, 우선은 허브 이야기부터 해보자. 킁킁! 아, 냄새 좋네!

　　6월 초, 화창한 초여름에 약 3주간 불가리아 곳곳을 돌아다녀 보니 아침저녁으론 기분 좋게 선선하지만, 한낮엔 땀이 줄줄 날 정도로 기온이 높고 해가 쨍쨍하다. 불가리아의 여름 특선 음식인 '타라토르'를 먹기에 딱 좋은 때다. 타라토르는 요거트로 만드는 수프로, 차가운 수프이다. 왠지 후후 불어서 호로록 들이마시는 뜨거운 음식만 수프라고 해야 할 것 같은데, 이렇게 차가운 것도 있다니 재밌다. 진득한 요거트에 찬물을 적당히 타서 훌훌 떠 마시기 좋은 농도를 만들고, 거기에 잘게 채 썬 오이와 다진 마늘, 딜이나 파슬리 같은 허브를 다져 넣고 소금간을 한 후 올리브유 등의 식물성 기름을 휘리릭 뿌리면 타라토르 완성. 재료는 식당마다 집집마다 약간씩 다르지만 오이와 마늘만큼은 꼭 들어간다. 이 맛, 상상

이 가시나요? 시큼 새큼 닝닝하면서 허브 향 물씬, 오이가 사각사각 씹히는 차가운 수프라니. 타라토르를 테이블로 가져다준 웨이터가 말하길 이건 수프라고 해도 되지만 액체 샐러드라고 해도 된단다. 하긴, 물기를 쪽 뺀 진한 요거트에 채 썬 오이와 마늘, 다진 호두와 허브 등을 넣고 섞은 스네잔카 샐러드에다 찬물을 적당히 타면 이 타라토르와 아주 비슷하겠다. 재료도 거의 같으니, 뭐, 말 되네.

불가리아 사람들은 타라토르가 몸을 차게 식혀주는 음식이라고 생각해 매년 여름철이 되면 시원하게 훌훌 마시기 시작한단다. 말하자면 계절 한정 메뉴인 셈이다. 실제로 한창 더운 한낮에 숍스카 샐러드와 타라토르를 주문해 신나게 먹다 보면 어느새 땀이 싹 식어 기분이 상쾌해진다. 정말 체온 하강 효과가 있는 걸까? 어쨌든 이 맛있고 개성 넘치는 타라토르에서 향긋한 허브를 뺀다면 네 맛도 내 맛도 아닌 그저 닝닝하고 묽은 요거트 국물이 되어 버릴지도 모른다. 허브의 힘은 생각 이상으로 크니까.

허브, 허브, 허브! 산악지형이기 때문일까? 불가리아엔 사방에 허브가 널려 있다. 시장에서 살 수도 있지만 가볍게 산책하러 나가 식용 꽃이며 풀을 한 다발씩 따다 먹는 사람들도 많단다. 우리나라 사람들이 봄철 나들잇길에 쑥과 냉이를 캐 오는 것과 다를 게 없겠지. 괜히 친근감이 든

다. 불가리아에선 어지간한 동방 정교회(불가리아의 국교) 수도원이라던가 이런저런 유적을 방문하려면 일단 등산화부터 챙겨 신어야 한다. 처음엔 왜 굳이 이런 산 위에다 힘들게 건물을 지은 걸까 생각했는데 알고 보니 주변에 온통 산밖에 없어서 그렇게 했을 뿐! 이런 썰렁한 우스갯소리가 가능할 정도로 이 나라엔 정말 산이 많긴 많다. 그래서 여행하는 내내 등산도 실컷 한 기분이다.

지형이 그렇다 보니 처음 가보는 곳을 혼자 찾아가는 게 쉽지 않아 호스텔에서 주관하는 일일 투어 상품도 몇 차례 이용하곤 했다. 대여섯 명이 한 팀이 되어 산속 깊은 곳에 있다는(또 산이야?) 오래된 수도원을 구경하러 가던 날, 안내를 해주던 호스텔의 직원이 들판에 점점이 흩어져 피어 있는 자그마한 흰색 꽃을 가리키며 "저게 뭔지 알아? 캐모마일

Chamomile이야"라고 한다. 와, 정말? 캐모마일이라고 하면 카페에서 허브 티로나 마셔봤지 싱싱하게 피어 있는 걸 보는 것은 처음이라 놀랐다. 그뿐 아니라 그 옆의 이런저런 풀들 역시 대부분 식용이라니 이거야 원 사방이 다 먹을 것 천지네. 특히 세이보리savory, 딜, 파슬리, 바질, 민트, 로즈마리 등의 허브가 무척 흔하다.

그 중 생소한 이름의 허브인 세이보리는 약방의 감초처럼 불가리아 식탁에서 빼놓을 수 없는데, 말려서 가루를 낸 것의 냄새를 맡아보니 상당히 얼얼하고 톡 쏜다. 후춧가루와도 무척 비슷한 느낌. 불가리아에선 말린 세이보리와 소금, 파프리카 가루를 섞은 불그죽죽한 양념을 온갖 음식에 두루두루 넣는데 이걸 '샤레나 솔'이라고 한다. 직역하면 색깔 있는 소금colorful salt쯤 되겠다. 지역별로 약간씩 재료와 맛이 다른 다양한 샤레나 솔이 있는데 그래도 세이보리와 소금, 파프리카 가루 삼총사는 필수로 들어가고 거기에 후춧가루나 말린 바질, 강황 등의 향신료를 적당히 가감한단다. 우리나라 슈퍼마켓에 여러 종류의 된장, 간장, 고춧가루 등이 쫙 진열되어 있듯 불가리아의 슈퍼마켓엔 다양한 상표의 샤레나 솔이 가득하다. 한참을 그 앞에서 서성거리며 들었다 놨다 하다가 한 병 집어들었는데 상표를 읽어보니 뜻 모를 불가리아어 사이에 'special recipe from Bulgaria'라는 영어 캐치프레이즈가 당당하게 쓰여 있다. 에잇, 일단 사고 보자! 계산대의 점원에게 이걸 어디에 넣어 먹으면 좋겠냐고 물으니 "어디든 좋다 Any food!"며 씩 웃는다. 불가리아의 맛이라는 것이다.

하기야, 식당이나 가정의 식탁엔 으레 샤레나 솔이 담긴 작은 양념 병이 놓여 있어 아무 음식에나 입에 맞게 적당히 뿌려서 먹을 수 있다. 마치 설렁탕 집의 후춧가루나 순댓국집의 다대기처럼 말이다. 불가리아의 흰 치즈인 시레네 위에 뿌려도 좋고 달걀부침이나 오믈렛 위에도, 샌드위치에 뿌려도 좋다. 찐 감자와도 잘 어울리고 매콤한 소시지와의 궁합도 괜찮다. 어떤 음식이든 일단

맛을 보고 좀 허전하다 싶으면 팍팍. 돼지나 닭 등 다양한 고기의 양념에도 물론 빠질 수 없다. 이쯤 되면 국민 양념이라고 해도 과장이 아닌 셈. 여행 내내 온갖 음식에 실컷 뿌려 먹어본 여인의 증언이니 믿어보시라.

슈퍼마켓뿐 아니라 재래시장에서도 샤레나 솔을 쉽게 발견할 수 있는데, 직접 만든 것인지 작은 비닐봉지에 소량씩 담아 놓은 것도 있어 눈길이 간다. 그 앞에서 한참 구경을 하자 나이 지긋하신 상인 아저씨가 선물이라며 그냥 가져가라신다. 이게 웬 떡이지! 영어를 전혀 하지 못하시는 분이라 직접 만드신 것인지 아닌지는 확인하지 못했지만, 적어도 공짜로 주겠다는 말씀만은 알아들을 수 있었다. 세계 공통어, 혼을 실은 필사적인 보디랭귀지의 힘이로구나.

가방 안쪽 깊숙이 소중한 샤레나 솔을 밀어 넣고 계속 시장 구경을 한다. 바질, 딜, 파슬리, 로즈마리… 싱싱한 허브들이 가득하다. 이젠 우리에게도 어느 정도 익숙해진 이름들이지만 아직까진 고추나 마늘, 파를

쓸 때처럼 음식에 기세 좋게 넣질 못한다. 샐러드나 파스타 같은 외국 음식을 만들 때나 살짝 살짝 더하는 정도. 그렇게 아직 수요가 많지 않으니 흔한 채소들에 비해 상대적으로 가격이 비쌀 수밖에. 그런데 불가리아에 오니 그런 귀하신 몸들께서, 어휴, 시장 바닥에 그냥 널려 계신다. 향기가 물씬 나는 밝은 초록색의 잎들을 두툼하게 한 단씩 묶어 파는 걸 보니 괜히 설렌다. 값도 무척 싸니 껌값이라 말하고 싶지만 요즘 껌도 은근히 비싼 걸 생각하면 그 말은 다시 주워담아야 할 듯하다. 어쨌든 우리나라에서 잔디를 뜯어다 팔아도 이곳의 허브보다는 비쌀 것 같다. 대한민국 물가, 미쳤어! 흑흑….

불가리아의 허브는 생산량도 무척 풍부하고 질이 좋아 해외 수출도 많이 하고, 허브를 이용한 오랜 역사의 민간요법도 다양하단다. 그러다 보니 대체의학이 발달하여, 관광과 치료를 결합한 여행 상품들을 개발해 주변 유럽 국가로부터 큰 인기를 얻고 있다. 유럽에서 물가가 가장 싼 나라 중 하나인 데다 온천으로도 유명하니 금상첨화다. 수도 소피아 중심가엔 약수 마냥 온천수를 떠 마실 수 있도록 시내 한가운데에 수도를 설치해 놓았을 정도다. 차가운 물을 기대하며 수도꼭지를 틀었는데 따뜻한 물이 졸졸 흘러나와 처음엔 깜짝 놀랐었다. 빈 생수병을 달랑달랑 들고 다니다 따뜻한 온천수를 채워 꼴깍꼴깍 마시던 기억이 새록새록. 물값이 적게 드는 좋은 나라 불가리아!

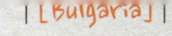

1인용 카바르마 냄비. 따끈할 때 수저로 푹 떠서 냠냠 드세요.

불가리아에도
김치찌개가?

　　불가리아 음식은 생각보다 만들기 어렵지 않다. 홋. 이런 정체불명의 자신감 넘치는 말을 하는 이유는, 많은 음식이 재료를 냄비에 넣고 시간을 들여 푹 찌거나 삶아 부들부들하게 만들면 되는 것들이기 때문이다. 재료만 좋다면, 그리고 시간만 넉넉하다면 한번 도전해볼 만하다.

　　대표적인 것이 '카바르마.' 두툼하고 뜨거운 도자기 냄비의 뚜껑을 열어보면 양파와 피망, 토마토와 버섯 등의 채소가 고기와 한데 어우러져 푹 익어 있다. 재료들이 온통 섞여 있어 복합적이면서도 왠지 친숙한 맛이 난다. 국물이 자작자작한 따끈한 채소수프 같은 느낌. 공깃밥 한 그릇 있으면 아주 잘 어울릴 것 같다. 들어간 고기는 어떤 거냐고? 주문하기에 따라 돼지, 닭, 양, 송아지 고기는 물론(역시 돼지고기가 압도적으로 맛있다. 불가리아 돼지고기 최고!) 간이며 창자 같은 내장 부위도 넣을 수 있다. 여기에 치즈와 달걀 등을 더해 함께 익히기도 하고 소금에 절인 양배추 '키셀로 젤레'를 넣기도 한다. 가을에 추수한 양배추를 마치 김장하듯 소금에 절여서 겨우내 먹는 전통 음식인데 새콤하게 발효된 맛이 꽤 삼삼하니 괜찮

다. 키셀로 젤레 국물이 숙취에 그렇게 좋다던데, 정말 김치와 닮은 구석이 꽤 많구나 싶다.

다짜고짜 카바르마의 여러 재료를 쭉 나열했는데, 그렇게 재료만 다양한가 하면 그럴 리 없지. 만드는 방법은 더 다양하다. 워낙 역사가 긴 전통음식이다 보니 집집이 조금씩 다른 것이다. 하긴, 김치찌개라던가 된장찌개도 멸치 육수를 쓰느냐, 멸치와 다시마 육수를 섞느냐, 맹물로 하느냐, 고춧가루를 더하느냐, 더하지 않느냐, 청양고추 두어 개 쫑쫑 썰어 넣느냐, 넣지 않느냐, 재료를 살짝 데치거나 볶아 넣느냐, 그냥 날것을 집어넣느냐 등 비슷비슷한 것 같으면서도 은근히 미묘한 차이들이 있으니 말이지. 심지어 그것 때문에 입씨름도 벌인다. 우리 집 찌개가 더 맛있다며 투닥투닥.

카바르마라고 뭐 다를까? 지역별로 다양한 고유의 요리법을 가지고 있고, 크지 않은 규모의 식당 메뉴판에도 최소한 서너 가지 이상의 카바르마가 있을 정도니 그만치 많은 사람에게 사랑받는 음식이라는 이야기일 것이다. 좀 과장하자면

불가리아를 상징하는 음식으로 대접받는다는 느낌이 들 정도랄까. 식당 종업원이든 호스텔의 직원이든 거리에서 만나 이야기를 나눈 동네 사람들이든 불가리아에서 제일 유명한 음식이 뭐냐고 물으면 적지 않은 사람들이 카바르마를 꼽는다. "우리나라 음식이 궁금해? 카바르마는 먹어본 거야? 그것도 안 먹어보고 무슨 이야기를 해?"라며 타박하기도 한다. 뭘까요, 이 자신만만함은!

여행을 시작하기 전에 요런 조런 자료를 수집할 때도 카바르마는 워낙 낯선 이름이라 대충 흘려 넘겼는데 그렇게 전통 있는 음식이었다니. 깨갱! 앞에서 카바르마를 된장찌개나 김치찌개에 비유했는데 실제로 먹다 보면 김치찌개 생각이 솔솔 난다. 고추와 마늘이 들어가 매콤 칼칼한데다 키셀로 젤레를 넣을 땐 발효된 채소 특유의 새큼하고 쿰쿰한 맛까지 더해지니까 말이다. 만일 불가리아 여행자가 한국에 온다면 김치찌개를 꼭 추천해야겠다. "김치찌개는 먹어본 거야? 그것도 안 먹어보고 무슨 이야기를 해?"라고 할 테다. 흐흐.

카바르마는 온갖 재료들을 한 냄비 안에다 때려 넣고 푹 익힌 거라 모양새가 깔끔하거나 아름다운 것과는 좀 거리가 있지만 몸속을 따뜻하게 덥혀 주는, 맛을 들이면 마음까지도 따뜻해지는 왠지 모르게 그리운 느낌이 드는 음식이다. 아이고, 가까운 나라도 아니고 이역만리, 정말 멀고 먼 동유럽의 발칸 반도에서 이런 기분을 느끼다니! 토마토를 비롯한 채소들을 냄비에 넣고 장시간

뭉근히 익혀 만든다는 점에서 프랑스 요리 '라따뚜이'와도 비슷한데, 동명의 애니메이션에서도 까칠하고 콧대 높던 요리 평론가가 정성스레 만든 라따뚜이를 먹으며 어릴 적 어머니가 해주었던 음식을 떠올리곤 추억에 빠지는 장면이 있다. 'comport food'라는 영어 표현이 떠오르는 장면이다. 이걸 단어 그대로 해석하자면 '편안한 음식'이겠지? 언제 어디서 먹더라도 마치 집 밥처럼 푸근함을 느끼게 해주는 익숙한 음식. 카바르마도 라따뚜이도 김치찌개도 모두 그런 음식이다. 역시 귀하고 비싼 재료, 복잡한 조리법, 화려한 세팅도 좋지만 그게 다는 아니라니까요… 라고 모양도 맛도 요상한 음식을 자꾸만 만들어 내는 자신을 변명하는 1인.

사실 불가리아 곳곳을 돌아다니며 제일 흔히 본 식당은 피자집이다. 길거리 노점에서부터 꽤 고급스러워 보이는 식당까지 피자, 피자, 피자. 불가리아 전통 음식을 요리하는 식당보다 피자집을 찾기가 훨씬 쉽다. 안타깝다. 외국에서 온 여행자로서 이건 정말이지 안타깝다! 그런데 우리나라 역시 크게 다르지 않은 것이, 시내를 휙 돌아보면 피자나 파스타 등 외국 음식점이 무척 많고 대부분 천편일률적인 느낌이다. 만일 내가 한국을 여행 중인 외국인이라면 과연 어떤 음식을 먹고 싶을까 한번 생각해볼 문제다.

잠시 어울리지 않게 진지한 척을 했으니 다시 맛있는 이야기로 돌아가자. 불가리아엔 카바르마와 무척 비슷한 음식들이 여럿 있는데, 이 나라 사람들이 들으면 "무슨 소리냐, 전혀 다르다"며 펄쩍 뛰겠지만, 외국인인 내 눈에는 참치 김치찌개와 스팸 김치찌개, 혹은 애호박 된장찌개와 단호박 된장찌개 정도로 비슷해 보인다. 그 중 카바르마 만큼이나 많이 먹는 것이 '규베체'인데, 불가리아뿐 아니라 발칸반도 두루두루 흔하게 만들어 먹는 음식이다. 발칸반도란 유럽의 남동부에 있는 반도인데 그리스, 마케도니아, 보스니아, 세르비아, 알바니아, 크로아티아, 터키, 몬테네그로, 그리고 불가리아까지 대략 아홉 나라가 여기에 있다. 그러다 보니

다양한 무늬의 전통 도자기들. 가격까지 저렴하니 지갑이 절로 열리네.

각자 자기네 규베체가 원조라는 소리를 자연스레 한다고. 커다란 냄비 가득 소, 돼지, 닭, 양고기 등 원하는 고기를 넣고 토마토와 올리브, 버섯, 양파, 가지, 피망, 마늘 등을 넣어 오랜 시간 푹푹 끓이거나 아예 오븐에 넣어 무르게 익힌 것으로, 정해진 규칙 없이 그 지역에서 많이 나는 흔하고 맛 좋은 채소가 듬뿍 들어간 영양만점 음식인 셈이다. 물론 절대 빠질 수 없는 싱싱한 허브도 듬뿍! 완성된 규베체는 카바르마처럼 재료들이 흐물흐물하고 국물이 자작자작해 훌훌 떠먹기 좋다.

이렇게 뱃속도 마음도 따뜻해지는 음식들은 모두 도자기 냄비에 담아 조리하는데, 섬세하고 세련된 느낌과는 거리가 먼 아주 두툼하고 투박하며 붉은 진흙 빛이 그대로 살아 있는 멋진 도자기다. 소박하고 푸짐한 불가리아 음식과 어찌나 잘 어울리는지! 이게 또 꽤 오랜 역사가 있는 것인데, 불가리아 중부의 트로이안Troyan에서 유래된 것이란다. 이 지역에 워낙 진흙이 풍부해 자연스레 도자기를 만들게 되었다고. 진한 붉은색의 진흙에 대비되는 초록색과 파란색, 노란색 등 선명한 색의 안료를 이용해 흐르는 듯한 무늬를 낸 것이 특징이다. 마치 카페라테 거품 위에 그

려진 무늬 같다고 할까?
동네 시장에서도, 마트에
서도, 기념품 센터에서도
아주 쉽게 발견할 수 있
을 정도로 흔한데(당연히
거의 모든 식당에선 이 트로이
안 도자기에 음식을 담아준다) 가격도 저렴해서 구경하다 보면 지갑을 쥔 손
이 근질거린다. 어디 보자, 파스타 접시로 괜찮을 듯한 둥근 접시 하나에
10~15레바(1레바=0.5유로), 갈비찜 한 솥 끓일 수 있을 듯한 커다란 냄비가
20레바다. 미치겠네, 누가 나 좀 말려줘!

　　지방 도시에는 물레를 돌려가며 도자기를 만드는 공방도 있다. 옛날
엔 주로 여성들이 각자의 집에서 쓸 냄비며 접시, 그릇을 직접 만들었다
는데 공방을 방문하니 역시 여성 도예가가 열심히 작업 중이었다. 아이

고, 예쁘다 예뻐! 눈이 홱홱 돌아간다. 그래, 커다란 냄비는 무리겠지만, 접시 정도야 사 들고 갈 수 있지. 신문지로 몇 겹이나 감싸고 또 감싸 여행하는 내내 깨질세라 조심조심 모시고 다녔다. 내가 대체 왜 이걸 사서 이 고생일까 하며 후회했지만 귀국해서 풀어보니 마냥 좋았다. 후후.

귀여운 전통 의상에 장미꽃 가득 담긴 등나무 바구니까지, 장미 축제는 로망의 집합체다.

장미 축제에
취하다

　매년 6월 첫 번째 주말이 되면 불가리아 중부의 소도시 카잔락 Kazanlak은 전 세계에서 몰려온 여행자들로 북적댄다. 대체 여기서 무슨 일이 벌어지길래 그러냐고? 바로 장미 수확 축제가 열리기 때문! 1903 년부터 매년 개최해 온, 만만치 않게 긴 역사를 가진 축제다. 이 시기엔 시내 곳곳에 장미꽃(물론 생화) 장식이 가득하다. 꽃에는 큰 관심이 없어 시큰둥하게 눈으로만 바라보곤 하는 나 같은 사람도 킁킁, 냄새 몇 번 맡아보면 홀랑 반하게 될 정도로 그 향기가 참 좋다. 여러분, 이건 과장이 아니에요. 정말 좋습니다!

　　카잔락은 '장미의 계곡Rose Valley'이라는 왠지 손발이 오그라들 만큼 로맨틱하고 간질간질한 이름을 가진 지역에 있는 도시인데 이 지역 장미 밭의 관리, 나무 재배와 수확, 장미 오일 증류와 수출 등 장미 관련 산업의 많은 부분이 카잔락에서 이루어진다. 말하자면 이 지역의 중심 도시인 것이다. 사실 카잔락은 공산주의 정권 시절엔 무기 생산으로도 유명한 도시였다는데, 장미와 살상무기라니 거참 로맨틱하지 않은 조합이다.

어쨌든 수 세기에 걸쳐 장미를 재배해 온 터라 전 세계 장미 오일rose oil 시장의 약 80퍼센트 이상이 이 지역에서 생산될 정도로 그 영향력이 상당하다. 역사를 읊어보자면, 어디 보자, 옛날 옛적 16세기경 한 터키 상인이 이 지역을 방문했다가 낮은 산으로 사방이 둘러싸여 있고 강수량과 풍량이 모두 딱 적당한 걸 보고는 "오호라, 이것 보게" 하며 부랴부랴 장미 모종을 들여와 시험 삼아 심었단다. 그 장미가 무럭무럭 잘도 자라 온 계곡을 뒤덮었다니, 그야말로 전설의 시작이구나! 그렇게 여차여차 몇 세기에 걸쳐 카잔락의 장미 오일은 세계 시장을 장악하게 되었는데 19세기 말 이 장미가 이번에는 역시 지형과 기후 조건이 알맞은 터키 곳곳으로 다시 건너가게 되었고, 현재는 양적으론 도리어 터키가 더 우세한 상황이다. 게다가 가격 경쟁력도 높은데, 불가리아산보다 약 30퍼센트가량 낮은 가격이란다. 하지만 질적인 면에선 여전히 불가리아산을 더 높게 평가한다고.

그래, 뭐 좋아. 그런데 그 장미 오일이라는 걸 대체 누가 그렇게 많이 쓰지? 난 잘 모르겠는데? 하지만 내가 알든 모르든 무척 많은 곳에서 필요로 하고 있다. 전 세계의 그 수많은 화장품 회사들이 불가리아산 장미 오일로 피부관리 제품과 향수, 보디용품을 만들고 있고, 아로마 테라피 용품 시장도 무척 넓으니 말이다. 그뿐인가? 음식에도 다양하게 들어간다. 어디 보자, 잼과 요거트, 증류주, 아이스크림, 초콜릿, 차 등에도 장미 오일을 넣어 달콤하고 향긋한 풍미를 더한 것들이 있다. 코로 큼큼 맡을 땐 익숙한 냄새지만 입에 넣으면 아직은 좀 생소한 맛과 향이 폴폴. 고것 참, 계속 알아가고 싶을 정도로 매력이 있다.

이른 아침, 서둘러 식사를 하고 축제의 주요 행사가 열린다는 장미밭으로 후다닥 이동했다. 시내에서 3~4킬로미터 정도 떨어져 있어 택시를 타면 금세 도착한다. 카잔락을 비롯한 장미의 계곡 전역에서 주로 재배하는 품종은 다마스쿠스 장미Damascus rose. 우리나라에서 흔하게 볼 수 있는 관상용 장미와는 달리 잎이 연하고 야들야들하며(가벼운 바람에도 팔랑거릴 정도다) 겹겹이 겹쳐져 있다. 세계에서 가장 넓은 장미밭이라는 이곳에 연분홍색의 다마스쿠스 장미들이 강한 향기를 풍풍 뿜으며 가득가득 피어 있는 모습은 그야말로 장관이다. 캬, 이런 별천지가 있나!

조심조심 밭 안쪽으로 들어가니 사람들이 띄엄띄엄 흩어져 꽃송이를

따 모으고 있었다. 장미 수확은 새벽 5시쯤 시작해 해가 뜨기 전까지 재빨리 이루어진다. 해가 뜨면 휘발성 향기가 날아가 버리기 때문에 어둑어둑할 때 후다닥 작업해야 한다고. 그러니 그날 수확한 꽃은 물론 당일에 잽싸게 증류해야지 그렇지 않으면 상품 가치가 확 떨어진단다. 어휴, 이 장미밭의 아침은 정말 바쁘게 지나가겠구나.

　그런데 장미밭에서 일하는 사람들은 어째 불가리아인 같지 않았다. 가무잡잡한 피부, 뚜렷한 이목구비, 무엇보다 눈이 마주치기만 하면 생글생글 웃는 저 친화력(불가리아인들은 꽤 무뚝뚝하다). 역시 터키 사람이었다. 장미꽃 수확이 워낙 중노동이라 불가리아인들 대신 상대적으로 저임금 노동이 가능한 터키인들이 이 일에 주로 종사하고 있었다. "메르하바 Merhaba!" 몇 년 전 배낭여행의 기억을 되살려 어설픈 터키어로 인사를 건네니 무척 반갑게 맞아준다. 짧은 영어와 혼을 실은 보디랭귀지를 섞어가며 이런저런 이야기를 하고 사진을 찍다 보니 어느새 그들의 일이 얼추 끝나간다. 땀을 뚝뚝 흘리며 일일이 손으로 딴 꽃송이들이 가득 담긴 커다란 비닐 포대가 몇십 개나 쌓인다. 왠지 '장미 수확'하면 예쁜 바구니에 곱게 따 모으는 모습을 상상했는데 로망이 와르르 무너지는구먼. 뭐니

뭐니해도 향기가 날아가지 않게 하는 것이 가장 중요해서 비닐 포대에 꽉꽉 눌러 담아 입구를 꽁꽁 싸매어 운반한다고 한다. 오일 1g을 만들기 위해선 3천여 송이의 장미가 필요하다니 이 많은 양의 꽃들도 순식간에 스러지겠지. 신나는 축제의 또 다른 면이랄까, 보기엔 참 예쁜 꽃이지만 이걸 하나하나 손으로 수확하는 것은 상당히 힘든 일 일 것이다. 일전에 충청북도의 한 포도 밭에서 포도 따기 체험을 했던 적이 있는데 20분도 되지 않아 온몸이 땀범벅으로 변해버렸던 기억이 난다.

　　연한 핑크빛의 장미가 가득 담긴 비닐 포대 수십 개를 실은 트럭이 장미밭을 떠나면 곧 축제의 메인 이벤트가 시작된다. 전통 의상을 입고 꽃목걸이를 목에 건 소년 소녀들이 장미꽃잎 가득한 바구니를 들고 생글생글 웃으며 사진 모델이 되어 주니 사방에서 카메라 셔터 소리가 정신없이 들린다. 한쪽에선 전통 악기를 이용해 음악을 연주하고, 또 그에 맞추어 신나게 전통춤을 추는 등 남녀노소 가리지 않고 지역 주민 모두 분위기를 돋우는 데 무척 열심이다. 말하자면, 오늘 하루 이곳을 방문한 사람들을 즐겁게 해주겠다는 의지가 활활 타오른달까? 앞서도 말했지만 불가리아인들은 뭐랄까, 좀 무뚝뚝하다 싶은 면이 있는데 (그래서 카메라를 든 손이 무안해질 때가 잦다) 오늘만큼은 느낌이 다르다. 일부러 축제 기간에 맞춰 방문한 보람이 있네!

불가리아의 축제들 중 역사와 규모, 인지도로 손꼽히는 행사라 방송국 카메라도 몇 대나 와 있고, 미인대회를 통해 선발된 장미의 여왕The Queen Of Roses도 아름다운 드레스 차림으로 우아한 미소를 띤 채 손을 살랑살랑 흔든다. 이런 자리에 정치인이 빠질 수 없지. 수행원을 여럿 대동한 채 양복을 쫙 빼입고 와서 사방에 악수를 청하는 모습을 보니 우리나라나 불가리아나 이런 자리는 다 비슷한 풍경이구나 싶다.

어쨌든 축제 현장엔 예상과 달리 일본인 관광객들이 무척 많고 중국인들의 수도 그에 못지않았다. 대부분 큰 버스를 타고 단체로 장미밭을 방문해 전통 복장을 한 소년 소녀들과 기념사진을 찍고 장미꽃 향내가 폴폴 풍기는 기념품을 한 아름 사는 것이다. 불가리아의 전통 의상은 색이 곱고 산뜻한데, 우선 하얀 블라우스에 새빨간 조끼를 입고 거기에 여자는 진한 녹색 치마, 남자는 검은색 바지를 매치한다. 소맷단이며 조끼 주머니 등 의상 곳곳에 소박한 자수가 곱게 놓여 있다. 여고 시절 수업시간에 배웠던 것과 비슷해 왠지 정감이 가는 자수다. 이 보기 좋은 차림으로 장미꽃을 따서 팔에 걸고 있는 등나무 바구니에 하나하나 모으는 것, 아마도 이것이 나를 비롯한 많은 이방인이 막연히 생각하는 '불가리아의 장미꽃 수확'일 것이다. 하지만 실제로는 터키인 노동자들이 비닐 포대에 꽃송이를 꽉꽉 눌러 담고 그 대가로 무척 낮은 임금을 받아간다. 이상과 현실의 차이다. 새벽부터 아침까지, 하루 4~5시간가량 일하고 나면 보통 한 사람당 20kg가량의 꽃을 수확할 수 있다는데, 그 무게를 달아 일

당을 계산하게 된단다. 그렇게 한 사람이 받아가는 일당은 평균 7~8유로. 할 말이 없어지는 저임금이다. 이 발랄하고 화사한, 장미 향기 가득한 축제장의 모습이 붕 떠 있는 것처럼 비현실적으로 느껴진다.

　　장미밭을 떠나 다시 카잔락 시내로 돌아간다. 동네 한가운데에 있는 광장을 채운 수많은 노점 사이사이 축제답게 사람들이 가득해 무척 흥겨워 보인다. 노점에선 대부분 장미 오일이 함유된 화장품과 불가리아 전통 인형, 악기 등을 팔고 있다. 물론 음식도 빠지지 않는다. 도수가 상당히 높은 전통 증류주 '라키아'에 장미 향을 더한 것이라든가 꽃잎과 설탕을 넣어 조린 장미 잼, 과자와 초콜릿 등등. 이 사람들 연구 많이 했구나! 하지만 제일 인기 있는 건 역시 장미 향수다. 오고 가는 사람들에게 열심히 판촉 활동을 하다 보니 온 사방에 향수 냄새가 가득해 머리가 띵하다. 아이고.

　　지역과 주제를 막론하고, 축제 기간은 다양한 길거리 간식을 만날 기

회가 되기도 한다. 어디 보자, 그럼 카잔락은 어떨까? 달콤한 쿠키라던가 솜사탕, 찌거나 구운 옥수수처럼 익숙한 것들이 먼저 눈에 들어온다. 그 중 사람들이 제일 길게 늘어서 있는 노점으로 후다닥 달려가 긴 줄에 합류했다. 맛이 있으니 인기도 있겠지. 한번 믿어보자.

　뭘 파는 걸까 하고 짧은 목을 쭈욱 내밀어 들여다보니 오호라, '팔라친키'다. 밀가루와 달걀, 우유와 소금 약간으로 만든 반죽(우리나라 슈퍼마켓에서 핫케이크 가루를 팔듯이 불가리아에선 팔라친키용 가루를 판다)을 기름이나 버터를 두른 팬에다 아주 얇고 둥글게 부쳐 그 안에 각종 재료를 넣어서 돌돌 말아 먹는 음식인데, 사실 이런 건 꼭 불가리아뿐 아니라 세계 곳곳에서 어렵지 않게 찾아볼 수 있다. 프랑스의 크레페, 터키의 괴즐레메, 러시아의 블리니, 중국의 찌안빙 등등. 거참, 세계는 정말 하나인가 보다라는 생각을 또 새삼 하게 되네.

　오오, 드디어 내 차례! 딸기잼이나 헤이즐넛 맛 초콜릿 크림, 코티지 치즈 등을 선택할 수 있는데 나는 초콜릿 크림을 골랐다. 아, 거기에 바나

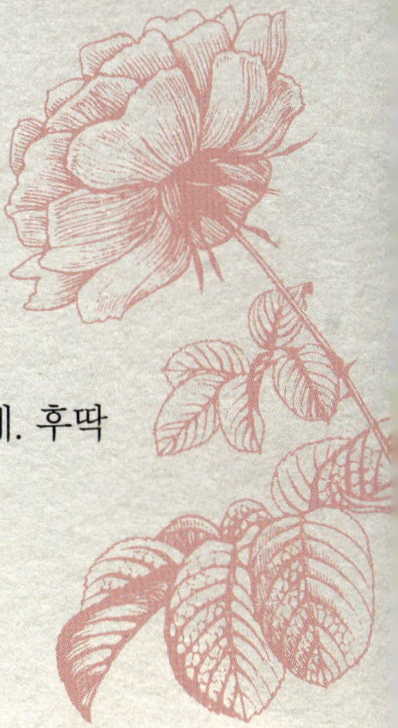

나도 추가해 주세요! 완성된 팔라친키는 길고 얇게 돌
돌 말아 두꺼운 하드보드지로 만든 곽에 넣어 입으로
조금씩 당겨가며 베어 먹는다. 사실 요건 식당에서도
디저트로 주문할 수 있지만 그래도 길에서 먹는 맛이 더
각별하게 느껴진다. 어, 저쪽에서 콘서트가 열릴 모양이네. 후딱
가서 자리 잡고 앉아 마저 먹어야지.

라키아엔 얼음을 넣어야 제 맛!

술 마시고
해장하고

"술 좋아하세요? 전 곱게 자라서 그런지 냄새만 맡아도 취해요"라는 것은 돌 날아올 소리고, 양으로 승부를 겨룰 자신은 없지만 더운 날 속이 얼얼해질 정도로 차가운 맥주 한 잔이라던가 우울한 날(얼굴에 뭐가 묻은 줄 알았는데 자세히 보니 그게 기미라는 걸 발견했을 때)에 와인 한 잔 정도라면 좋다. 물론 한 잔이 두 잔 되고 두 잔이 세 병 되긴 하지만.

여행지에서 마시는 술은 각별하다. 특히 해가 환히 떠 있을 때 마시는 낮술은 최고다! 다행히 불가리아는 대낮부터 맥주를 마시는 것이 전혀 어색하지 않은 곳이다. 어떻게든 꼭 한국에 널리 전파하고 싶은 참으로 훌륭한 문화다. 불가리아엔 여러 개의 맥주 브랜드가 있는데 그 중 카메니차Kamenitza라던가 자고르카Zagorka 같은 큰 브랜드들은 식당 테이블의 파라솔이며 간판 등을 온통 자기네 맥주 로고로 도배하는 식으로 끊임없이 광고해댄다. 우리나라와 비슷하다. 그럼 맥주 한잔해볼까?

대부분의 식당과 카페, 바 등이 야외 테이블을 갖고 있고 손님들도 야외 자리를 선호한다. 나도 한 자리 차지하고 앉아야지. 산들산들한 바람

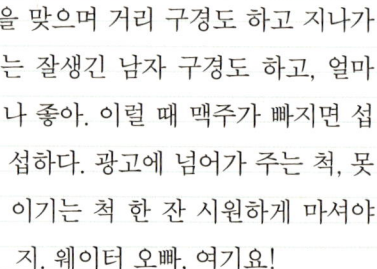

을 맞으며 거리 구경도 하고 지나가는 잘생긴 남자 구경도 하고, 얼마나 좋아. 이럴 때 맥주가 빠지면 섭섭하다. 광고에 넘어가 주는 척, 못 이기는 척 한 잔 시원하게 마셔야지. 웨이터 오빠, 여기요!

부담 없는 맥주도 좋지만 전통주인 '라키아'를 마시지 않으면 그게 또 섭섭하다. 우리나라에 왔다면 소주와 막걸리는 기본이듯. 불가리아에 왔다면 라키아! 증류 방식으로 만들어(브랜디와 비슷하다) 도수가 꽤 높은데, 슈퍼마켓 등에서 팔고 있는 것은 보통 40도 전후지만 가정집에서 직접 만든 라키아는 70~80도까지 올라간단다. 주류 회사에서야 딱 정해진 방법대로 만들겠지만, 집에서야 뭐 그럴 필요 있나. 어머니의 어머니의 어머니에게서 물려받았을 집집마다의 비법과 손맛을 동원한다. 과실주라서 주로 포도나 자두를 이용해 담그는데 홈메이드 라키아는 체리와 복숭아, 사과 같은 다양한 과일도 두루두루 내키는 대로 섞어 만든다고. 어느 나라든 대부분의 전통술은 이렇게 가정집 부엌에서부터 시작되었겠지. 그러고 보니 우리 집 매실주 생각이 솔솔 난다. 잊고 있었는데, 언제 담갔더라? 지금쯤 맛이 아리삼삼하게 잘 들었겠지? 고것 참, 근질근질하네.

라키아의 인기는 슈퍼마켓이나 대형 상점의 주류 판매대를 쓱 훑어보면 금세 알 수 있다. 일단 주류 판매대부터가 어마어마하게 넓고(이 사람들 무슨 술을 이렇게 마시는 걸까) 그 중 최소한 70퍼센트 이상을 라키아가 차지하고 있다. 나머지는 보드카와 와인, 위스키 정도. 그만큼 여러 회사에서 만든 다양한 브랜드의 라키아를 어디서나 쉽게 살 수 있지만 여전히 직접 담그는 집도 상당히 많단다. 아무래도 소피아 같은 대도시보단 지방에서 더 활발히 만든다는데 역시나 소도시의 재래시장에 가면 직접 만든 라키아를 파는 노인들을 종종 볼 수 있다.

그뿐 아니라 대부분 깊은 산 속에 있는 동방 정교회 수도원에서도 아주 옛날부터 라키아를 만들어 판매한 수익금으로 수도원의 살림을 꾸려왔다니 이쯤 되면 불가리아인과는 절대 떼어놓고 생각할 수 없는 술이라 하겠다. 뭐 불가리아뿐일까? 아주, 아주 오래전부터 발칸반도 여러 나라에서 라키아를 마셔왔는걸. 알바니아와 보스니아, 헤르체고비나, 터키를 비롯한 여러 발칸반도 국가들은 음식문화의 많은 부분을 공유하고 있다. 하긴, 멀리 떨어져 있는 섬나라들도 아닌데 국경이라고 금을 슥 그어 놓은 게 전부라 같은 반도, 같은 땅덩어리를 공유하는 나라들인데 국경이 무슨 의미가 있었을까. 라키아는 대략 14세기부터 본격적으로 만들기 시작했다니 역사가 길긴 길다. 뭐, 우리나라의 막걸리도 그에 못지않네! 많은 세월이 지나면서 만드는 방법이라든가 주재료, 부재료가 조금씩 변화했겠지만 사라지지 않고 꿋꿋이 그 이름을 이어가고 있다는 것은 정말 멋진 일이다.

그럼 한잔 할까나? 식당 메뉴판을 펼쳐 보면, 아이고야, 라키아 종류가 상당히 많다. 테이블이 몇 개 없는 작은 식당이나 카페라도 최소한 20가지는 넘는다. 포도, 자두, 체리 등 어떤 과일로 만든 것인지, 몇 년도에 담근 것인지, 제조 방식은 어떤지 등등에 따라 다양하게 나뉜다. 그리고 무엇보다, 몽땅 불가리아어로만 쓰여 있다! 워낙 종류가 많으니 일일이 영어로 된 설명을 써 놓을 수 없었던 모양이다. 그나마 한 잔에 보통 1.5레바, 좀 고급스러운 것이 4레바를 넘지 않으니 큰 부담은 없어 다행. 배낭여행자는 항상 지갑과 타협해야 한다고요. 우리나라에서라면 커피 전문점의 밥값만큼 비싼 커피도 케이크까지 곁들여 잘도 사 먹곤 하지만 여행지에선 뭐 하나 살려고 해도 손이 달달 떨린다. 에잇, 왠지 슬프다.

어서 라키아나 골라야지. 이 술은 식전주이기 때문에 식사의 맨 처음 코스인 가벼운 전채 요리에 곁들여 홀짝홀짝 마시는 게 정석이다. 그러다 주요리가 나오면 당연하다는 듯 술잔을 치워버리는 경우가 많으니 주의!

전채요리 중에서도 특히 숍스카 샐러드와 함께 먹는 것이 일반적이라 샐러드를 주문하면 으레 라키아도 권하는 경우가 많다. 그나저나 으아, 도저히 못 고르겠다. 이 식당은 무슨 라키아 종류가 40가지도 넘는 거야? 결국 웨이터의 추천을 받아 겨우겨우 주문. 와인 잔과 비슷하게 생겼지만 반절 정도 크기인 작은 유리잔에 라키아가 반쯤 담겨 나오고 얼음이 가득 든 그릇도 함께 나온다. 초여름 날씨라 술잔에 물방울이 맺힐 정도로 이미 차가운데 거기에 얼음까지 넣어 더 차갑게 마시라는 것이다. 어디, 한 모금 호로록 마셔보자. 도수가 40도가량 된다더니 역시나 강하다. 맛도 향도 달콤하다.

포도 같은 과일로 담근 술에 설탕을 넣으면 효모가 당분을 먹고 더 활발하게 발효 활동을 하기 때문에 알코올 도수도 점점 높아진다. 이걸 다시 증류하고 숙성시킨 것이 라키아다. 잔 크기를 보면 애개개 싶지만 독한 술이니 요 잔으로 한 잔만 하는 게 딱 좋다. 대낮부터 얼굴에 열이 오르네. 이거 어쩔 거야.

술 이야기를 했으니 속풀이 해장국 이야기도 해야지. 놀랍게도 불가리아인들 역시 내장탕을 잘 먹는다. 이름 하여 '쉬켐베 초르바'인데, 쉬켐베는 내장을 뜻하고 초르바는 수프를 뜻하니(즉 메뉴판에 무슨 무슨 초르바라고 쓰여 있는 건 수프라고 보면 된다) 내장탕 맞겠지? 우리나라식 내장탕엔 곱창과 양 등 소의 내장이 듬뿍 들어가는데, 그럼 불가리아는? 정답은 양의 내장! 음… 좀 생소하지만 일단 먹어봐야 맛을 알겠지 뭐.

쉬켐베 초르바는 아무 식당에서나 다 팔진 않으니 잘한다는 곳을 물어봐서 가는 게 좋다. 주문을 받자마자 그때부터 조리를 시작하는 음식이 아니니 전문점으로 가야겠지. 숙소의 매니저에게 물어보니 자기가 한 잔 걸치고 나면 항상 해장하러 가는 식당이 있다며 추천을 해준다. '어이구, 이 아시아 여자애가 과연 이걸 먹을 수 있을까' 하며 은근히 재미있어하

는 눈치다. "먹고 와서 어땠는지 꼭 얘기해 줘야 해!" 몇 번이나 신신당부를 하던지… 알았다, 알았어 임마.

골목을 돌아 드디어 쉬켐베 초르바를 맛있게 만든다는 식당에 도착했다. 적당히 소박하고 적당히 낡고 적당히 편안해 보이는, 한마디로 적당한 동네 식당이다. 테이블 위엔 식초에 담가둔 다진 마늘과 굵게 갈린 고춧가루가 각각 그릇에 담겨 있다. "여기요!" 하고 주문하자마자 쉬켐베 초르바를 한 그릇 가져다주는데, 잘 끓인 도가니탕처럼 뽀얗고 걸쭉한 국물 위에 불그작작한 색의 기름이 살짝 떠 있다. 종업원이 눈짓으로 테이블 위의 고춧가루를 가리키며 저거 아주 매운 거니까 조심하란다. 저기 언니, 난 한국에서 왔거든? 고춧가루는 입자가 거칠고 꽤 맵긴 하지만 우리나라 고춧가루에 비하면 훨씬 순하고 텁텁하다. 국물을 한 숟갈 떠서 맛을 본 다음 마늘 다진 것과 고춧가루를 듬뿍 넣었다. 큰 숟갈로 한 가득씩 넣으니 그제야 살짝 칼칼해질까 말까 하네 뭘. 식초에 절인 마늘이 국물과 꽤 잘 어울리는데, 베트남 쌀국수에 새큼한 초절임 양파를 넣는다든가 때로는 짬뽕에 식초를 뿌리기도 하듯 속풀이 국물과 신맛은 이래저래 잘 어울린다. 쉬켐베 초르바엔 식초 대신 레몬을 꾹 짜서 넣기도 한다는데, 그것도 맛있을 것 같다.

곰탕도 도가니탕도 육개장도 다 그렇지만 쉬켐베 초르바를 만들기 위해선 꽤 오랜 시간이 필요하다. 양의 내장(소나 돼지의 내장도 쓰지만 주로 양을 사용)을 통째로 몇 시간 동안 푹푹 끓인 후 꺼내어 잘게 자른 후 다시 국물에 집어넣고 계속 끓인다. 여기에 기름에 볶은 파프리카를 넣어 약간의 붉은빛과 맛을 더하는데, 말하자면 고추기름 같은 용도지만 매운맛은 없다. 마지막으로 우유와 밀가루를 적당히 넣어 좀 더 끓이면 끝. 이 뽀얗고 걸쭉한 국물은 우유와 밀가루에 어느 정도 기대고 있는 모양이다. 어쨌든 요거

괜찮네. 양 특유의 냄새가 생각처럼 심하지 않아 큰 부담 없이 먹을 수 있는 든든한 수프다. 내장 건더기를 홀홀 떠먹고 빵을 뜯어서 국물에 찍어 먹다 보면 땀이 뻘뻘 난다. 불가리아의 고기 요리, 특히 내장 등 특수부위로 만든 것들은 대부분 무척 맛이 좋고 소박하면서도 정성이 느껴진다. 모양만 번드르르하지 않은 요리다. 그런데 한편으론 조금 더 번드르르해도 좋을 텐데라는 생각이 들긴 한다. 불가리아 음식, 도에 지나치게 소박하다.

　이른 시간, 이 걸쭉하고 뜨끈한 불가리아식 내장탕으로 아침 식사를 하고 있으니 작년에 마신 술도 깰 것 마냥 속이 후련하고 시원하다. 숙취 해소에 끝내준다더니 명불허전이로구나. 주변을 슬쩍 훔쳐보니 쉬켐베 초르바를 먹는 사람들 대부분 다크서클이 퀭하게 도드라진 게 어젯밤 제대로 즐긴 모양이다. 아이고, 다들 이거 후딱 한 그릇 드시고 정신들 차려요!

소피아 시내의 패스트푸드점. 가장 만만한 메뉴는 바로 케밥이다.

터키의 흔적을
찾아볼까나

　몇 년 전 두 차례에 걸쳐 터키 곳곳을 요리조리 돌아다녔더랬다. 언제나처럼 음식문화 탐방을 빙자한 몸무게 불리기, 그리고 위 용량 늘이기 여행이라 터키의 음식들을 하나도 빼놓지 않고 맛보겠다는 일념으로 참 열심히도 먹고 다녔는데, 결론부터 이야기하자면 턱도 없는 소리. 무식하면 용감하다더니, 터키 음식이 그렇게 다양할 줄이야. 중국 요리, 프랑스 요리 등과 더불어 세계 3대 요리로 꼽힌다는 이야기를 들었는데 과연 말이 필요 없을 정도다.

　옛날 옛적 터키의 한 술탄이 궁정 요리사를 불러 "지금부터 내가 예전에 먹어본 음식을 만들어 오면 네 목을 치겠다"라고 했단다. 와, 술탄 아저씨 인간적으로 진짜 너무하네! 어쨌든 그리하여 불쌍한 요리사가 그때부터 목숨을 걸고 온갖 다양한 요리들을 개발하게 되었다는 믿거나 말거나 전설의 고향 같은 이야기다.

　불가리아 이야기를 하다가 왜 뜬금없이 터키 음식 타령이냐고? "아니 그게 말이죠, 불가리아에 도착해 보니 어머나, 터키에서 먹던 것들이

이곳에도 고스란히 널려 있길래요"라고 말하면 불가리아인들은 버럭 짜
증을 내겠지. 왜냐하면 요거트도, 치즈도, 기타 온갖 좋은 것들은 몽땅 터
키가 침공해 베껴간 것이라 굳게 믿고 있기 때문이다. 물론 앞서 몇 차례
이야기했듯 터키인들은 그 정반대의 주장을 한다. 14세기부터 약 500년에
걸친 긴 시간 동안 오스만튀르크(지금의 터키)의 지배를 받은 역사를 생각하
면 두 나라 사이의 감정이 매끈매끈 보들보들할 수 없는 건 당연할지도 모
른다.

　　어쨌든 이 맛있는 음식들의 진정한 원조가 대체 어느 나라인지 궁금
하지만 쉽게 답이 날 문제가 아니니 난 그저 얌전히 먹는 게 좋겠다. 우선
은근히, 혹은 상당히 비슷한 음식들부터 몇 가지 짚어보자. 대표적인 것
으로는 앞서 이야기한 새콤하고 포슬포슬한 흰색 치즈 '시레네', 그리고
무척 찐득하고 걸쭉한 요거트 '키셀로 믈라코'를 들 수 있다. '사르미'도
빼놓을 수 없는데, 다진 고기와 양파, 허브와 쌀을 양념해 포도 잎이나 양
배추 등으로 돌돌 말아 찜 냄비에 넣어 푹 익힌 음식이다. 불가리아의 여
느 음식들이 그렇듯 다양한 허브와 향신료가 듬뿍 들어간다. 불가리아에
선 사르미라고 하지만 터키에선 이름에 점 하나를 콕 찍어 '사르마'라고
부른다.

요렇게 재료와 조리법뿐 아니라 이름까지도 무척 비슷한 음식들은 그 외에도 꽤 여러 가지가 있는데 그중에서도 '케밥체'와 '쾨프테'는 절대 빼놓을 수 없다. 우선 케밥체에 대해 이야기하자면, 다진 고기에 향신료를 꽉꽉 넣어 반죽한 후 네모지고 길쭉한 막대기 모양으로 빚어 그릴에서 지글지글 구워낸 것을 말한다. 어떻게 보면 겉껍질을 벗긴 소시지 같기도 하다. 돼지고기와 쇠고기를 반씩 섞거나 돼지고기만으로 만드는데 고기 냄새를 잡기 위해 후추와 강황 등 맛과 향이 강한 향신료를 듬뿍 넣어, 한 입 베어 물면 알알하고 향긋한 냄새가 입안에 폴폴 퍼진다. 한마디로, 맛있다!

그나저나 케밥체라니, 어디서 많이 들어본 이름 같다 싶었는데 역시나 '케밥'과 깊은 연관이 있는 음식이다. 터키에선 깍둑썰기한 고기 또는 꾹꾹 주물러 반죽한 다진 고기를 숯불에 구워낸 음식을 케밥이라고 부른다. 쇠꼬챙이에 끼워 굽기도 하고 큰 덩어리 채로 구워 얇게 썰어 납작한 빵에 올려 돌돌 말아 먹기도 하는 맛 좋은 음식이다.

그럼 쾨프테는? 케밥체와 거의 같은 재료와 조리법을 사용하되 햄버거 스테이크처럼 둥글넓적하게 만든 것을 쾨프테라고 한다. 햄버거보다는 좀 작고, 우리나라 차례상에 올라가는 동그랑땡보다는 살짝 크다. 거 참, 이것 역시 터키의 '쾨프테'와 모양새도 조리법도 이름도 무척 닮았다. 어쨌든 케밥체도 쾨프테도 모두 불가리아의 크고 작은 식당 메뉴에서 절대 빠지지 않는 대표 음식들로, 주문하면 접시에 보통 세 개 정도씩 담아 내준다. 자그마한 소시지 세 개 정도 분량이라고 생각하면 되는데, 한마디로 양이 많지 않다는 소리다. 그러니 그것만 달랑 먹기는 아쉽고 샐

러드나 수프 등 다른 음식들도 함께 시켜 먹어야 배가 찬다. 이 두 가지 음식은 꼭 식당이 아니더라도 먹을 기회가 아주 많다. 정말 많다! 시장이라든가 기차역 근처, 버스 터미널 주변 등 사람이 많이 모이는 곳은 말할 것도 없고 아무 데서나 길거리를 타박타박 돌아다니다 주변을 휙 둘러보면 케밥체와 쾨프테를 지글지글 구워 파는 노점을 무척 쉽게 찾을 수 있다. 말하자면 광화문 사거리에서 스타벅스 같은 커피 전문점을 발견하는 정도의 확률이랄까?

　워낙 인기 있는 음식이라 노점 앞에는 항상 사람들이 복작대는데 끈기 있게 차례를 기다려 손가락으로 요것 하나요, 둘이요 하고 주문하면 갓 구운 것을 일회용 접시에 금세 담아 내준다. 그 앞에 놓인 양념 통에서 새콤매콤한 토마토소스나 겨자 등을 입맛에 맞게 적당히 뿌리면 더 맛있다. 좀 더 든든하게 먹으려면 여기에 빵을 추가하면 되는데, 기다란 빵을 반으로 쓱쓱 갈라 그 사이에 케밥체나 쾨프테를 끼워 먹으면 한 끼 식사로 오케이. 말하자면 길거리 핫도그 같은 음식이다.

　달달한 디저트 류도 빠질 수 없지. '로쿰', '할바' 같은 터키의 전통 과자들이 불가리아에도 무척 흔하다. 로쿰은 영어로 터키쉬 딜라이트Turkish delight라고 한다. 전분과 설탕을 듬뿍듬뿍 넣어 만든 쫀득하고 달콤한 젤리인데 헤이즐넛이나 피스타치오 같은 견과류를 넣어 오도독 씹는 맛이 좋다. 영화 〈나니아 연대기〉에도 등장하는데, 주인공 소년이 이 로쿰(영화 속에선 터키 젤리라고 부른다)을 마음껏 먹게 해주겠다는 악당의 유혹에 냉큼 넘어가 형제들을 배신하고선 입 주위에 가루 설탕을 잔뜩 묻혀가며 큼직한 로쿰을 냠냠 쩝쩝 맛있게도 먹는다. 그 장면만 봐서는 침이 꼴딱꼴딱 넘어가지만 사실 막상 먹어보면 그저 설탕 맛, 이빨이 다 썩을 것 같은 맛, 살이 팍팍 찔 것 같은 맛인지라 좀 실망스럽다.

할바 역시 달디단 간식거리인데 로쿰보다 한수 위다. 맛이? 아니, 당도가! 잇몸이 아릴 정도로, 몸서리가 쳐질 정도로 달다. 밀가루에 기름이나 버터, 설탕을 넣고 약한 불에서 살금살금 끓이다 참깨나 피스타치오, 헤이즐넛, 호두와 같은 기름지고 고소한 견과류를 넣어 굳힌 것이다. 굳혔다고는 하지만 완전히 딱딱해지지는 않고, 부드러운 캐러멜이나 녹진녹진한 엿처럼 이빨에 쫙쫙 달라

붙는다. 처음 할바를 먹었을 땐 욕심껏 한입 가득 베어 물었다가 이가 빠지는 줄 알고 기겁했더랬다. 금으로 때운 게 좀 많으니 몸을 사려야 하는데. 어쨌든 로쿰이나 할바나 모두 터키의 것과 이름도 재료도 맛도 비슷

전통 과자 가게의 쇼윈도우. 대부분 터키 디저트와 비슷하다.

하고, 모두 자기가 원조라 주장한다. 아이고야.

　이쯤 되면 '뭐야, 너무 비슷하잖아'라는 생각이 든다. 이러면 재미없는데? 하지만 아주 강력하고도 결정적인 한 방이 있으니, 바로 돼지고기! 터키의 국교인 이슬람교는 돼지고기를 먹는 걸 금하고 있다. 그런지라 닭고기, 쇠고기, 양고기 등 다양한 재료로 무궁무진한 음식들을 만들지만 돼지고기로 만든 것은 눈을 씻고도 찾아볼 수가 없다. 하지만 불가리아는 정반대. 그 어떤 고기보다도 돼지고기의 질이 좋다. 살코기도, 내장도, 국물 요리도 일품이다. 돼지고기 애호가로서 수줍게 한 말씀 드리자면 전 터키에서는 살 자신이 없어요. 삼겹살도 목살도 항정살도 가브리살도 껍데기도 없는 나라는 곤란합니다. 흑흑.

발칸반도~
터키~중동~
요동네들 매력있어!

특히 터키! 맛있는게 엄청 많아요 ♡

변비에
차암 좋은 ㅋ
터키 아침밥

매콤한 아다나 케밥!!

퐁듀랑
비슷한 음식
무흘라마~

푸짐푸짐
맛난 전채요리들

그치만 돼지고기 요리는
불가리아가 최고최고최고 !!!

돼지

ВИД....чесън............
КАЧЕСТВО - КЛАС ┴....
ПРОИЗХОД.бъ.лгария.
ЦЕНА: 1.00
лв/бр.

불가리아 음식에도 마늘이 듬뿍 들어간다. 우리 입에 대부분 잘 맞을 듯.

쭈볏쭈볏
시장 한 바퀴

Hello!

여행, 특히 외국을 팔랑거리며 돌아다니는 건 상상만 해도 즐겁지만 쉬운 일은 아니다. 우선 돈이 꽤 든다. 식비와 교통비, 숙박비 등을 줄이고 또 줄여도 기본 경비라는 게 있으니까. 그리고 없는 시간을 쪼개어 어떻게든 일정을 뽑아내야 한다. 학생이면 학생이라서, 직장인이면 직장인이라서, 프리랜서라면 프리랜서라서 다들 바쁘고 빡빡하다. 누군가 "시간이 있을 땐 돈이 없고 돈이 있을 땐 시간이 없어서 여행을 못 간다"라는 말을 했는데, 눈물을 머금고 그 이야기에 나도 한 표 던진다.

어쨌든 그렇게 어렵사리 떠난 여행, 이왕 왔으니 가능한 한 재미난 것과 좋아하는 것만 쏠쏠하게 섭고 뜯고 맛보고 즐겨야지라는 욕심이 생긴다. 새로운 땅에서 새로운 것을 보고 느끼는 동시에 나 자신에게 더없이 집중하게 되는 기회. '내가 뭘 좋아하더라?', '내 최대 관심사는 뭐지?', '돈과 시간 들여왔으니 뽕을 뽑아야 해!' 이렇게 자신에게만 집중하다 보면 함께 여행을 온 연인이나 친구 간에 크게 싸우는 일이 생긴다.

그러다 보니 여행 횟수가 많아질수록 자신의 취향과 관심사를 확실

생각 외로 단조로운 불가리아 시장 풍경. 특히 딸기 가게처럼 한 가지 과일이나 채소만 쌓아 놓고 파는 곳이 많다. (사진 오른쪽)

히 알게 된다. 어느새 고전 미술에 푹 빠져 크고 작은 미술관을 순례하는 사람도 있을 것이고, 전 세계의 축제를 모두 섭렵하겠다는 일념으로 달력을 들춰 가며 날짜를 체크하는 사람도 있을 것이다. 어떤 나라의 아울렛 할인율이 가장 높은지, 어느 지점에 신상품이 제일 풍부하게 입점하는지에 촉각을 곤두세우는 사람도 있겠지. 역시 누구나 자기가 가장 재미있어 하는 것, 알고 싶은 것, 하고 싶은 것을 할 때 제일 신이 나는가 보다. 나에게는 바로 먹을거리가 최고의 관심사. 이 땅에서는 어떤 작물이 주로 나며 어떤 계절이 제철인지, 같은 음식재료를 가지고 이 나라와 저 나라는 어떻게 다른 조리법을 쓰는지, 왼손으로 먹는지 오른손으로 먹는지, 주식은 빵인지 국수인지 밥인지 죽인지 등등 입에 들어가는 모든 것들이 궁금하다. 전부 다 알고 싶다. 전부 다 먹고 싶어!

거창하게 말하자면 음식 속에 문화가 있고 역사가 있고 사람이 있다. 그렇기에 여행지의 시장, 그중에서도 열린 형태의 재래시장을 구경하는 것은 나에겐 무척 큰 즐거움이다. 깔끔하게 정돈된 대형 상점 체인의 식품 판매장 역시 재미있지만, 공장에서 일괄적으로 생산된 완제품보다 흙이 그대로 묻어 있는 채소와 과일, 싱싱한 생선과 고기가 더 궁금하다. 게다가 마트 직원과 대체 어떤 대화를 할 수 있을까? 글쎄, "맥주 판매대는 어느 쪽인가요?" 정도? 재래시장에선 사람을 만날 수 있다. 처음의 어색함과 뻘쭘함만 극복한다면 눈을 마주 보고 가벼운 흥정도 할 수 있고, 말만 잘하면 덤도 얻을 수 있으니 얼마나 좋아!

이러한 기대를 품고 의기양양하게 찾아간 불가리아의 재래시장은 웬걸, 좀 의외다. 다양한 식료품과 생활용품이 가득한 분

위기를, 그리고 북적이는 흥겨운 공기를 상상했는데 어째 상인들도 손님들도 꽤 무뚝뚝하다. 미간을 찌푸리며 흘끔흘끔 째려보다 카메라를 보고선 대뜸 "No photo!" 하며 고개를 홱 돌려버리는 식이다. 꼭 사진을 찍어야 하는 것은 아니지만 적어도 생글생글 방글방글 서로 웃으며 인사를 나누고 싶은데 내 생각과 달리 폐쇄적인 시장 분위기에 간이 쪼그라든다.

그래, 그냥 눈으로 실컷 구경이나 하지 뭐. 주변을 둘러보니 시장 규모도 작지 않고 각 매대에 놓인 채소며 과일 등의 양도 푸짐하지만 종류가 상당히 제한적이다. 토마토와 양파, 감자, 오이, 주키니, 피망, 양배추 정도의 채소와 레몬, 체리, 딸기 같은 과일이 전부라 해도 과언이 아닐 정도. 6월 초의 여행, 초여름이라는 계절이 그대로 담겨 있는 싱그러운 채소와 과일들이지만 어째 사방에 그것들만 가득하니 풍족하고 다채로운 느낌은 들지 않는다. 가게는 아주 많은데 막상 취급하는 품목이 다양하지 않은 것이다. 특히 인상적인 것은 적지 않은 가게들이 한 품목만 판매한다는 점인데, 오로지 딸기만 파는 곳이라든가 오이만 냅다 쌓아두고 파는 곳, 양배추만 수북한 곳, 뭐 이런 식이다. 유럽에서 가장 물가가 싼 나라 중의 하나라 여행 경비를 절감할 수 있다는 건 반갑지만 물자가 풍요롭지 못하다는 것은 아쉽다. 선택의 여지가 좁다는 것은 슬픈 일이니까.

좀 더 다양한 음식재료에 대한 욕구가 부족한 것일까? 무엇이 이들의

상상력을 막는 걸까? 몇 년 전 체코를 여행할
때도 비슷한 느낌을 받았던 것을 생각하면, 그
리고 친구를 통해 들은 헝가리와 루마니아, 러
시아의 이야기를 떠올리면 과거 공산주의 정
권 시절의 영향이 아직 남아 있는 것은 아닐
까 싶다. 공산주의 경제는 제품을 광고하고
홍보하는 것을 죄악시하는 경향이 있다. 모
든 인민에게 평등하게 분배하면 되지 왜 굳
이 광고해서 쓸데없는 소비를 조장하느냐는
것이다.

　　1980년대 후반, 동유럽 전체에 불어 닥
친 민주화의 광풍에 힘입어 불가리아 역시
민주주의 체제를 받아들였고 이후 몇십 년
의 시간이 흘렀지만 여전히 과거의 사고방
식, 말하자면 풍요로움과 재미, 모험을 추구
하는 것을 경계하는 금욕적 소비 습관이 남
아 있는 모양이다. 사치스러움을 즐기는 나
로서는 조금 슬프다. 금전적인 사치가 아니
라 눈과 입의 호사, 마음의 여유 말이다. 가게
에서 초코바 한 개를 사더라도 어떤 것이 가
장 맛있을까 두근두근 설레며 천천히 고르고
싶다. 스니커즈? 자유시간? 트윅스? 핫브레이
크? 종류가 다양할수록 고르는 즐거움도 커진
다. 하지만 불가리아에선 사정이 좀 다른데, 길
거리 식료품점에서 물건을 사려면 길가로 난

작은 창구멍에 대고 원하는 물건을 이야기해 주인에게 꺼내달라고 해야
하기 때문이다. 돈을 내면 해당 물건을 건네준다. 마치 배급을 받는 느낌
이랄까? 가게 안에 들어가 이것저것 구경하고 싶지만 어째 그럴 만한 분
위기가 아니다. 손님이 왕이라지만 여기선 주인이 왕인 듯하다. 물론 큰
규모의 슈퍼마켓 체인이나 마트의 식품 판매장은 우리나라와 크게 다르
지 않지만 그런 곳은 대부분 독일 등 서유럽에 본사를 둔 글로벌 체인들
이고 '진짜' 불가리아 가게는 여전히 과거에 머물러 있다.

　다양한 절임 채소와 갓 튀긴 크로켓, 달콤한 팥떡 등 맛있는 것들로
가득한 일본 교토의 니시키 시장, 대장장이 아저씨들이 뚝딱거리며 멋진
구리 그릇을 만들어내는 터키 샨르우르파의 시장, 살아 있는 닭의 멱을
따 털을 뽑는 생생한 모습을 볼 수 있는 말레이시아 쿠알라룸푸르의 푸두
시장이 하나둘씩 떠오른다. 먹을거리, 볼거리가 참 많고 풍요로웠지. 종
류도 다양했고. 하지만 무엇보다 나를 반겨주던 사람들의 미소가 좋았다.
어느 나라에서 왔느냐, 몇 살이냐, 이거 먹어봤느냐, 한국에도 이런 것이
있느냐 하며 즐거운 손짓 발짓 대화를 나눌 수 있었다. 이 맛에 재래시장

구경한다니까요! 불가리아에서도 그런 친근함을 기대하며 시장을 찾아왔지만 냉랭하고 싸한 분위기에 어째 조금 슬퍼진다.

그렇지만 어쩌면 이 역시 내 선입견일지 모른다. 이런 조각조각들로 불가리아의 인상이 이렇다 저렇다 단언할 수는 없지. 에잇, 힘을 내서 계속 시장 곳곳을 구경한다. 향긋하고 싱그러운 냄새가 솔솔 풍기는 좌판은 역시나 허브를 파는 곳. 파슬리와 딜, 바질과 로즈마리 등의 싱싱하고 푸릇푸릇한 잎들이 가득하다. 곧 여기저기로 팔려나가 모두의 식탁을 풍요롭게 만들어 줄 것이다. 아마 불가리아를 떠나는 그 순간까지 나 역시 이 허브들을 실컷 먹겠지. 꿀을 파는 상인도 많다. 불가리아의 꿀은 맛도 향도 무척 진한데, 발칸산맥과 피린산맥, 로도피산맥 등 큰 산줄기들이 불가리아의 국토를 이쪽저쪽으로 가로지른다는 걸 생각하면 꿀이 맛날 수밖에 없겠구나 싶다. 본격적인 산악지형이니까. 특히 동방 정교회의 수도원에서도 오래전부터 전통주인 라키아를 담그고 꿀을 수집해 파는 것으로 수도원의 살림을 쭉 꾸려왔고 현재도 그 일을 계속하고 있을 정도니 불가리아의 양봉 역사는 매우 길다.

진한 황금빛의 꿀과 향신료, 허브가 가득한 노점 앞에서 손가락을 빨며 구경하고 있는데 머리가 희끗희끗한 상인이 뭔가를 손에 쥐여준다. 바질 한 단이다. 표정은 여전히 무뚝뚝하고 미간엔 언짢은 듯한 주름이 잡혀 있지만 입가엔 보일 듯 말 듯 희미한 미소가 떠올라 있다. 열심히 머리를 굴려 외워 두었던 불가리아어를 어렵사리 끄집어낸다. "블라고다랴Благодаря! 감사합니다!" 아저씨가 갑자기 와하하하 웃으며 내 어깨를 툭툭 친다. 한 명이 웃어주니 그 주변 사람들도 같이 웃는다. 옆에서 체리를 파는 아주머니가 맛보라며 과일을 한 움큼 건네준다. 와, 맛있겠다! 블라고다랴! 나도 주책이지, 눈물이 날 것 같다. 겉만 싸늘했던 거구나. 왠지 무척 기쁘다.

Xinjiang Uyghur

오늘의 유라시아 어디인가?

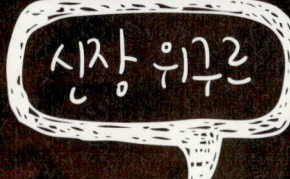

넓고 넓은 중국 안에서도 가장 큰 자치구인 신장 위구르. 아직은 생소한 이 지역이 실제로 얼마나 먼 땅인가 하면, 우선 베이징에서 기차를 타고 약 50시간 동안 쉼 없이 달려야 신장 위구르 자치구의 구도인 우루무치에 도착할 수 있다. 50시간이라니, 듣기만 해도 어휴, 하고 한숨이 폭폭 나오는 거리다. 하지만 그게 끝이면 재미없지. 다시 우루무치에서 기차로 꼬박 하루를 더 달려가서야 드디어 위구르인의 마음속 고향이라는 카스 땅을 밟을 수 있다. 가까운 나라라고 생각했던 중국이 이렇게 멀게도 느껴지는구나. 차마 그렇게 긴 시간 동안 기차를 탈 엄두가 나지 않아 냉큼 카스행 비행기 표를 샀지만 그렇다 해도 인천공항을 출발해 두 번이나 비행기를 갈아타야 하는 여정이니 결국 최소한 24시간은 지나야 겨우 목적지에 도착할 수 있다. 중국의 서쪽 끝. 머릿속으로 상상했던, 중국 하면 막연히 떠오르는 여러 이미지는 이곳에 없다. 오히려 터키나 중동의 아우라가 느껴진다. 사람들의 생김새도, 전통 복식도, 종교도, 그리고 음식도. 이 땅은 언제, 어떻게 중국 일부분이 된 것일까? 궁금한 것 투성이지만 일단 갓 구운 낭과 양꼬치부터 먹고 시작해야지.

대체 이거 누가 다 먹나요? 가는 곳마다 산처럼 쌓여 있는 낭에 깜짝깜짝 놀라곤 한다.

여기도 낭,
저기도 낭

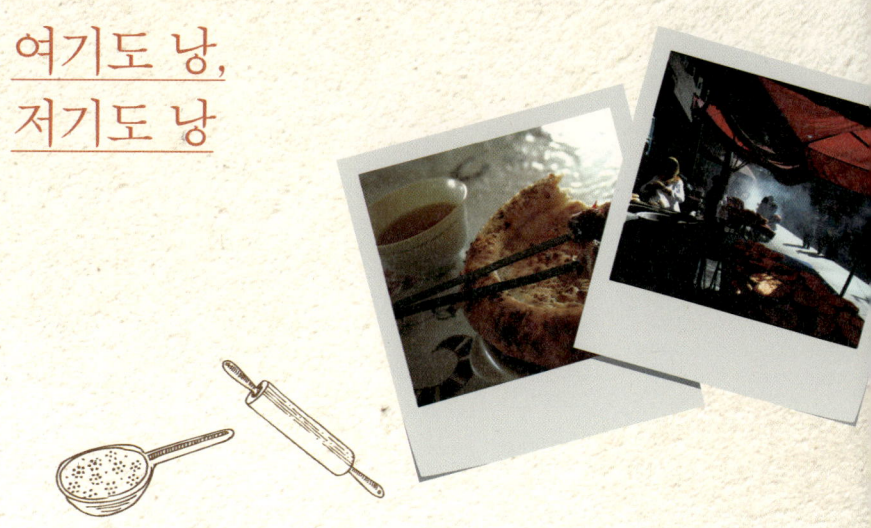

    나의 주식은? 빵도 국수도 무척 좋아하지만 그래도 기본은 역시 밥. 고봉밥 한 그릇이면 다음 끼니 때까지 속이 든든하다. 연평균 강수량 1천 300밀리미터의 대한민국에선 역시 쌀이다. 벼가 쑤욱쑥 잘도 자라는 천혜의 기후니까. 그럼 강수량 100밀리미터가 될까 말까 하는 건조한 신장 위구르에선 주식으로 대체 뭘 먹지? 답은 밀가루. 벼농사보다 밀 농사가 훨씬 유리한 기후다.

    위구르인들은 뽀얀 밀가루에 물을 섞고 힘주어 꽉꽉 치대어가며 빵 반죽도 하고 국숫발도 뽑아 다양한 음식을 만든다. 특히 '낭'이라는 둥글고 얄팍한 빵은 신장 위구르 자치구 어딜 가든지 만날 수 있는 주식이다. 특히 위구르인의 마음속 고향이라 불리는 카스(옛 이름은 카슈가르)에선 버스와 오토바이, 승용차와 양 떼가 아슬아슬하게 오가는 먼지투성이 길가 곳곳에도 낭을 굽는 가게들이 바글바글 성업 중이다. 두세 집 건너 한 집은 낭 가게라고 해도 과장이 아닐 정도. 아니 무슨 빵을 이렇게 많이 먹는대? 하기야, 우리나라도 괜찮다 싶은 상권엔 온통 대기업 체인 빵집들이

들어와 있긴 하지.

가게 안에선 밀가루 반죽을 만들고 바깥에선 그걸로 끊임없이 낭을 구워낸다. 화덕이 가게 앞 길가 쪽에 나 있어 그 앞을 지나가면 열기가 후끈, 갓 구운 낭 냄새가 솔솔 풍긴다. 얼마에요 하고 물으니 단돈 1위안이라고. 여행 당시 환율로 약 160원인 셈이니 오, 싸다!

가게 안으로 들어가 보니 건장한 청년들이 허연 밀가루 반죽과 씨름 중이다. 경우에 따라 옥수수가루와 수숫가루를 조금씩 섞어 만들기도 한다지만 일반적으론 100퍼센트 밀가루만 사용한다고. 반죽하는 것도 굽는 것도 판매하는 것도 모두 남자들. 위구르인들의 종교인 이슬람의 교리상 얼굴을 내보여야 하는 사회활동은 주로 남자의 몫이다. 그래서일까? 큼직한 카메라를 들고 혼자 여행 중인 나를 보며 놀라는 사람들을 자주 만났다. 심지어 자신의 둘째 아들을 소개해 주겠다는 할머니도 있었다. 백수인데 아주 착하고 힘도 세다며, 지금 집에서 자고 있을 거라며(낮 2시였거든요 할머니!) 어서 같이 집에 가서 만나보자던 그분. 아이고….

그나저나 아저씨들, 낭 반죽은 잘 되어 가나요? 어지간해선 절대 팔씨름에서 지지 않을 듯한 튼실한 팔과 손으로 반죽을 꾹꾹 힘주어 치

댄 후 적당한 크기로 떼어내 원하는 모양으로 성형한다. 낭의 형태는 크게 두 가지로 나뉘는데 하나는 얇고 둥근 쟁반 모양. 지름이 20센티미터가량 되는 작은 쟁반도, 그 두 배 가까이 되는 커다란 쟁반도 있다. 손끝으로 꾹꾹 밀어 둥글게 편 반죽의 표면에 손톱이나 도구를 이용해 기하학적인 무늬를 콕콕 찍어 멋을 내기도 한다. 시장 구경을 가니 요 무늬 찍는 도구를 팔고 있길래 집어 들고 살펴보았는데, 음료수 캔만한 나무토막에 마치 꽃꽂이용 침봉처럼 뾰족한 침을 촘촘히 박아 놓았다. 손톱으로 낸 무늬는 자연스러운 맛이 있지만 효율성 면에선 아무래도 도구 쪽이 편리하겠지? 누가 개발했는지 센스가 있네. 그러고 보면 우리나라의 전통 떡살은 또 어떤 재치꾼이 고안해 냈을까.

　무늬를 찍은 낭 반죽 윗면에 참깨와 쯔란(강황), 말린 양파 등의 양념을 솔솔 뿌린 후 가게 밖으로 가지고 나와 천으로 만든 둥그런 반구형의 도구(베개처럼 생겼다) 위에 올려 뜨거운 화덕 안쪽 벽에 찰싹 붙여 굽는다. 보고 있자니 꽤 아슬아슬하다. 좀 떨어진 곳에서도 열기가 느껴질 정도로 화덕 온도가 높아 조금만 실수해도 크게 다칠 수 있겠구나 싶다.

　솜씨 좋은 거 봐, 생활의 달인들이 전부 여기 모여 있었네. 그렇게 넓적하고 둥근 쟁반 모양의 낭만 줄곧 구워내나 했더니 그 옆에선 다른 스타일의 낭 반죽도 만들고 있다. 지름 10센티미터 정도로 작고 둥글고 똥

똥하며 가운데 부분이 배꼽 마냥 옴폭 패여 있는 낭. 한마디로 딱 베이글 모양이다. 역시 반죽을 화덕 안쪽 벽에다 일일이 손으로 붙여 굽는데 머리는 물론 몸통 중간까지 화덕에 쑤욱 집어넣은 채 반죽을 하나하나 붙이는 걸 보면 아찔해진다. 부디 조심하세요! 입구는 둥글고 내부는 꽤 깊은 요 화덕을 '낭갱'이라고 하는데 인도 빵 '난'을 구워내는 화덕 탄두르 Tandoor와 매우 비슷한 모양새다. 그러고 보니 빵 이름도 서로 닮았다. 하기야, 신장 위구르 자치구가 인도 및 파키스탄 등과 국경을 마주하고 있다는 것을 생각하면 음식문화의 일부가 비슷한 것도 이해가 간다. 서로 원조 다툼은 좀 하겠지만 말이다. 그나저나 슬슬 출출해지는데 이거 언제 다 구워지는 거예요?

오오! 말씀드리는 순간 드디어 화덕 담당 아저씨가 기다란 쇠꼬챙이 두 개를 가지고 노릇하게 구워진 낭을 한 개씩 탁탁 떼어내기 시작한다. 세상에, 갓 나온 낭이야! 낭갱 내부는 시멘트로 거친 마감을 해놓았기 때문에 다 구워진 낭을 떼어낼 때 그 시멘트가 조금씩 떨어져 묻어나기도 한다. 그러니 낭을 고를 땐 바닥 면을 잘 확인해보고 시멘트가 묻지 않은 걸 사는 게 좋다. 하지만 아무리 골라도 거의 대부분 조금씩은 묻어 있기에 이 동네 사람들은 낭 두 개를 집어 들고 서로 비벼가며 떼거나 주머니 칼(많은 위구르인들이 살짝 휘어진 모양의 전통 칼을 갖고 다닌다)을 이용해 득득 긁어내기도 한다.

여하튼 급한 마음에 1위안을 내고 쟁반 모양의 낭을 받아 들었는데, 으악, 무지무지하게 뜨거워 나도 모르게 꽥 소리를 질렀다. "아우 뜨거, 아우 뜨거워!" 오른손 왼손을 번갈아 왔다갔다하며 난리를 피우다가 이젠 좀 식었겠지 싶어 후후 불어서 한입 답삭 베어 물었다. 기분 좋게 바삭하고 구수한 풍미가 느껴진다. 정말 소박하고 따뜻한 맛.

하지만 갓 나왔을 때나 그렇지 열기가 가시고 차게 식으면 금세 무척

딱딱해져서 아쉽다. 우리가 주로 먹는 식빵이라든가 바게트 등은 빵 반죽을 굽기 전에 발효 과정을 거치지만 낭은 그 과정을 생략하고 반죽을 곧바로 화덕에 넣어 굽는다. 발효시키면 반죽 사이에 공기가 들어가서 빵 조직에 구멍이 뿅뿅 뚫리지만 발효 과정을 생략하면 조직이 매우 치밀하고 뻑뻑해 조금만 먹어도 금세 배가 부르다. 그나마 쟁반 모양의 낭은 얄팍하기 때문에 굳더라도 뚝뚝 잘라 먹기 쉬운데 두툼하고 뚱뚱한 베이글 모양의 낭은 굳으면 마치 벽돌처럼, 돌덩이처럼 딱딱한 덩어리로 변하기 때문에 호신용 무기로 써도 되지 않겠냐는 생각마저 든다. 농담이 아니다. 반죽에 달걀과 양젖 버터, 식물성 기름 등을 섞어 풍미와 질감을 좋게 만든 낭도 간혹 있긴 하지만 보들보들한 빵 맛에 익숙해진 내 입에는 사실 그것도 딱딱하고 뻑뻑하다.

이런 입맛만 고급인 건방진 여행자 같으니라고! 이게 다 이 지역의 역사와 환경에 최적화된 음식인 걸 모르고 하는 소리지. 낭은 조직이 치밀하고 유수분 함유율이 적기 때문에 장기 보관이 가능해 유목민이었던(그리고 일부는 현재에도 유목 생활 중인) 위구르인들의 주식이 될 수 있었다. 뿐만 아니라 같은 유목민족인 타지커족과 카자흐족의 주식이기도 하다. 별것 아닌 듯하지만 이래 봬도 자그마치 6천 년 이상의 역사를 품은 빵이라니, 어휴, 꽤히 멋져 보인다. 그래도 여전히 내겐 딱딱하고 뻑뻑하긴 하다.

심지어 낭은 전통 혼례 과정 중에 신랑 신부가 낭을 나누어 먹는 순

Special

베이글이랑 정말 닮았네

팁

요렇게
입으로 덥석!!!
베어물면 아니되오

매너가
아니라네요? - -

요렇게 손으로 뜯어서
나꿈나꿈 먹는거랍니다.
오~~~래된 풍습같은 거라나?

Jam

흥흥

AND
남은 낭을 버리면
처벌받는대요.

요거
어디서 많이
듣던 소린데...

어른들 말씀은 어딜 가든지 비슷비슷한듯~

서가 있을 정도로 이 지역 사람들에
겐 큰 의미가 있는 음식이다. 지금은
대부분 정착 생활을 하고 있으니 가
게에서 구워내는 낭을 그때그때 소량
씩 사다가 먹으면 되지만 유목 생활
중엔 보통 일주일에서 길게는 열흘 치
이상 소비할 양을 한꺼번에 구워 쌓아
두고 먹었단다. 방부제며 첨가제가 들
어가지 않는 순수한 빵이니 금세 곰팡
이가 필 것 같지만 워낙 이곳 기후가
건조해 그 정도는 끄떡없단다.

어느새 먹기 좋게 식은 낭을 오물
거리며 길을 걸어간다. 여기도
낭 가게, 저기도 낭 가게. 길가
에 나와 있는 큼직한 낭갱에선
노르스름하게 잘 구워진 쟁반
모양과 베이글 모양의 낭이 화
수분처럼 끊임없이 쏟아져 나
온다. 아이고, 저걸로 집을 지
어도 되겠다. 너무 많이 만든
것 아냐? 대체 누가 저걸 다
사간대? 하지만 걱정도 잠
시, 금방금방 쭉쭉 팔려나가
는 걸 보니 입이 떡 벌어진
다. 커다란 비닐봉지에 가

득 담아 들고 가거나 오토바이에 가득 싣고서 아슬아슬하게 달려가기도 한다. 신장 위구르 자치구에선 거의 대부분의 음식에 낭을 곁들여 먹기 때문에 그 소비량이 굉장하다. 굳은 낭을 뚝뚝 떼어 뜨거운 고깃국물이나 찻물에 말아 먹기도 하고 매콤하게 볶은 채소를 곁들여 먹기도 한다. 그 야말로 공깃밥 같은 존재. 그리고 뭐니뭐니해도 숯불에 기름 뚝뚝 떨어트려 가며 지글지글 구워낸 양꼬치와 함께라면 완벽한 위구르인의 한 끼 식사가 된다. 그럼 나도 어서 양꼬치를 먹으러 가야겠네!

So Happy :)

일반적인 양꼬치보다 훨씬 큼직한 되네르 케밥. 양의 간이 들어가 맛이 독특하다.

소원 성취,
원조 양꼬치!

　앞서 카스 길거리의 두세 집 건너 한 집은 낭을 굽는 가게라고 이야기했는데, 그럼 그 사이의 다른 가게들은 뭘 하는 곳일까? 바로 양꼬치를 굽는 집! 사실 이건 좀 과장이지만, 그래도 그만큼 많긴 많다. 한마디로, 엄청나게 많다! 양고기를 처음 먹어본 게 언제였더라? 어디 보자, 아마도 중학생 때쯤, 집안 경조사로 가족들과 함께 간 호텔 뷔페에서 양갈비를 집어 들었던 기억이 난다. 슥슥 잘라 먹어보고는 쇠고기도 아니고 돼지고기도 아니며 닭고기는 더더욱 아닌 이 냄새 나는 고기가 대체 뭔지 뜨악했는데 이후 띄엄띄엄이지만 몇 차례 더 먹을 기회를 가지다 보니 어느새 양고기 특유의 냄새와 사랑에 폭 빠졌다.

　이게 은근히 중독성이 있는 모양이다. 먹으면 먹을수록 더 더 더 강렬한 냄새를 원하게 되고, 한 입 넣자마자 텍사스 소 떼… 아니 양 떼들이 두두두두 달려오는 것 같은 느낌을 원하게 되었지만 여전히 우리나라에선 양고기 요리를 접하기 어려울 뿐 아니라 있다 해도 온갖 향신료들로 고기 특유의 냄새를 최대한 잠재운 것이 대부분이라 아쉬웠다.

이게 바로 원조 양꼬치!
맛도 모양도 무척 강렬하다.

하지만 뭐, 그것도 옛날이야기. 이제는 우리나라에서도 양고기를 비교적 쉽게 맛볼 수 있게 되었으니 정말 신나는 일이다. 아자! 불타는 금요일 퇴근길, 친구들과 함께 시내 여기저기에 꽤 많이 생긴 양꼬치집에서 따끈 얼큰한 옥면이랑 시큼 바삭한 '꿔바로우'를 시켜놓고 양꼬치를 지글지글 구워 먹으며 칭따오 맥주 한잔 원샷! 캬, 이 맛이야! 이왕이면 양꼬치의 본고장에 가서 먹고 싶다며 노래를 했는데 말이 씨가 된다더니 정말로 신장 위구르 자치구의 중심인 카스행 항공권을 예약하고 결제까지 해버렸다. 내가 못 살아.

좋다. 이왕 왔으니 본토의 맛을 제대로 느껴 보자! 혼을 실은 보디랭귀지로 어렵사리 주문한다. "여기 꼬치 열 개랑 낭 한 개 주세요!" 양꼬치는 크기가 작아서 열 개 정도는 그저 우습다. 조리법은 숯불 직화구이. 식당 앞 길가에 세워 놓은 가늘고 긴 사각형 모양의 조리대 안에 숯불을 집어넣고 그 위에 긴 꼬치를 걸쳐 올려놓은 후 두꺼운 골판지 박스를 뜯어 펄럭펄럭 부채질을 해가며 굽는다. 양고기의 기름이 숯불 위에 떨어질 때마다 "치이익"소리와 함께 하얀 연기가 펄펄 난다. 땀을 뚝뚝 흘리며 골판지 부채질을 하는 아저씨는 어느새 온몸이 양고기 연기로 훈제될 지경이다.

음식을 기다리며 냄새를 킁킁 맡다 보니 배가 점점 더 고파진다. 지나가는 사람들도 아마 비슷할 것이다. 고기구이 집에서 이것보다 더 효과적인 호객 행위가 있을까? 말 한마디 없이 연기와 냄새만으로 손님을 자석처럼 끌어당기니 말이다. 아침부터 저녁까지, 아니 자정 가까운 시간까지 불야성인 야시장에서도 양꼬치 굽는 하얀 연기를 볼 수 있으니 이렇게 큰 사랑을 받는 음식이 또 있을까 싶다. 덩달아 숯 장사꾼들도 대호황. 리어카나 자그마한 픽업 트럭에 시꺼먼 숯을 가득 싣고 골목 골목을 돌며 식당에 숯을 끊임없이 공급한다.

살코기로만 옹골차게 꼬치를 꿰면 맛이 퍽퍽해지고 기름 부위만 잔뜩 쓰면 당연히 느끼해진다. 그러니 두 가지를 적당한 비율로 번갈아 꿰는 것이 비결. 특히 기름 부위는 주로 양의 궁둥이 부분에 몰려 있는데, 이 양 궁둥이 지방은 양꼬치뿐 아니라 다양한 위구르 음식에 절대 빠지지 않는 중요한 재료이다. 비율 좋게 완성된 꼬치를 숯불 위에 올려 구울 땐 중간 중간 고춧가루와 소금, 그리고 가장 중요한 향신료인 쯔란을 솔솔 뿌려 양념한다. 쯔란은 큐민cumin 또는 강황이라고 하는데(카레 광고에 종종 등장하는 바로 그 강황이다) 냄새를 킁킁 맡아보면 얼핏 익숙한 카레 가루 같기도 하지만 그보다는 좀 더 강렬한 맛이 난다. 호불호가 갈릴 만한 향과 맛이라 겨드랑이 암내 같다며 질색하는 사람들도 적지 않다. 하지만 양고기와 무척 잘 어울리니 큰맘 먹고 친해져 볼 가치가 있다. 처음엔 좀 어색해도 어느새 쯔란이 없으면 괜히 심심하고 섭섭한 느낌마저 들 거다. 장담한다.

우와, 다 구워졌네! 가늘고 기다란 창 모양의 꼬치에 꿰인 양고기를 앞니로 잡아당기며 야금야금 베어 먹는다. 쇠꼬챙이에 입술이나 혀를 갖다 대면 한 방에 훅 데일 수도 있으니 조심조심. 어디서나 기본으로 내주는 뜨거운 차도 홀짝홀짝 마시고 딱딱하게 굳은 낭을 찻물에 폭 찍어 우물우물 함께 먹기도 한다. 차도 좋지만 역시 시원

한 맥주가 당기네. 아우 근질근질해. 하지만 신장 위구르 자치구의 사람들은 대부분 모슬렘인지라 아무 데서나 술을 사기 쉽지 않고, 설령 구한다 해도 식당 같은 공공장소에서 벌컥벌컥 마시기가 좀 그렇다(사실은 두렵다). 한족들이 많이 사는 저쪽 우루무치 같은 공업 도시에서라면 이야기가 좀 다르지만 여긴 위구르 전통을 중요시하는 카스인걸. 게다가 중국 내에서 이슬람 사원이 가장 많은 곳이기도 하니, 참자 참아.

양꼬치는 중국어로 양로촨羊肉串, 위구르어로는 케왑이라고 한다. 엥? 케밥? 맞다. 바로 그 터키 음식 케밥과 이름도 조리법도 매우 흡사하다. 그러고 보니 터키 여행을 할 때도 무척 다양한 종류의 케밥을 먹었더랬다. 이곳에서처럼 양고기 등의 재료를 가늘고 긴 쇠꼬챙이에 꿰어 숯불에 구워내는 것도 있고 매콤하게 양념한 넓적한 고기를 회전판에 달린 꼬치에 차곡차곡 꿰어 쌓아 돌려가면서 구운 후 겉면부터 썰어내 얇고 둥근 빵에 넣어서 돌돌 말아 먹는 것도 있다. 후자는 '되네르 케밥'이라고 하며 우리나라에서도 쉽게 먹을 수 있는 즉석음식이다.

그런데 이 지역에도 되네르 케왑(케밥)이 있단다. 터키의 것과는 다른 음식이지만 이름만은 같다. 위구르어가 터키어 방언의 일종이라는 사실, 그리고 같은 이슬람 문화권이며 지리적으로도 크게 떨어져 있지 않다는

걸 생각하면 서로 영향을 주고받았으리라 추측하게 된다.

그럼 위구르인의 되네르 케밥은 어떤 음식인지 볼까나? 양의 궁둥이 부분에 잔뜩 몰려 있는 기름 덩어리를 큼직하게 깍둑썰기하고 살코기도 마찬가지 크기로 썰어 준비한다. 이걸 날달걀과 생강, 후추, 소금, 쯔란을 넣어 휘휘 섞은 샛노란 양념에 잘 버무리면 밑준비 완료. 그리고 하나 더. 싱싱한 양의 간을 역시 비슷한 크기로 깍둑깍둑 썬 다음(요건 양념을 하지 않는다) 준비한 재료들을 쇠꼬챙이에 꿰어나간다. 얼핏 봐서는 그냥 손에 잡히는 대로 꿰는가보다 싶지만 찬찬히 들여다보면 나름의 순서가 있다. '고기-간-고기-기름'의 순서로 꼬치 한 개에 살코기 두 점, 간 한 덩어리, 기름 한 덩어리가 들어간다. 아마도 수많은 시행착오를 거친 끝에 탄생한 황금 비율이겠지.

보통 양꼬치는 숯불 위에 올려 지글지글 직화구이하지만 요 되네르 케밥은 낭 굽는 화덕(낭갱)을 축소해 놓은 듯한 전용 화덕 안에 꼬챙이 채로 집어넣고 숯의 복사열을 이용해 천천히 구워낸다. 화덕 안에 숯불을 활활 지핀 후 숯이 다 탈 무렵 물을 끼얹어 적정 온

도까지 낮춰준 다음에야 비로소 꼬챙이를 넣고 조
리를 시작하기 때문에 최소한 20~30분은 걸려,
한참 배가 고플 때 주문하면 기다리느라 안달이
난다. 말 그대로 슬로우 푸드slow food이다. 하기야,
되네르 케왑만 그런가? 이 지역을 여행하며 먹
은 음식 중 패스트푸드다 싶은 것은 딱히 없었
다. 여유 있게 느긋하게 기다리는 자에게 밥이
돌아오는구나.

　　두근두근, 드디어 등장. 양꼬치라면 최소
한 열 개쯤은 먹어야 간에 기별이 가지만 되
네르 케왑은 꽤 굵직 큼직해서 서너 개 정도
만으로도 배가 부르다. 그리고 사실 배가 차
기 전에 먼저 좀 질리기도 한다. 양고기 냄
새에 익숙하다고 자신만만해했지만 위구르인들의 강렬하고 억센
고기맛 앞에선 주눅이 든다. 양의 간 냄새도 지나치게 강하고. 이 정도에
멈칫거려선 안 되는데, 앞으로도 먹어봐야 할 양고기 요리들이 잔뜩인데
어쩐다.

어디서나 양을 사고 판다. 카스의 흔한 풍경.

당신에게선
양내음이 나네요

　　어떤 고기를 제일 좋아하시나요? 나로 말하자면 쇠고기보다는 닭고기, 닭고기보다는 돼지고기를 더 좋아하는 입맛의 소유자다. 그럼 양고기는? 예전엔 쉽게 접하기 어려웠지만 배낭여행을 다니며 먹거리 탐방에 맛 들이는 사이 어느새 꽤 익숙해졌다. 특유의 누린내랄까, 강렬하고 묘한 냄새도 매력 있고 말이다. '거, 괜찮은 고기일세'라고 생각하며 자신 있게 여행을 와 보니, 와! 이곳의 양고기 사랑은 내가 감당할 수 있는 수준이 아니다. 대체 뭔가요, 이 양고기의 쓰나미는….

　　위구르인의 식탁에서 양고기를 빼면 뭐가 남을까? 기껏해야 낭과 뜨거운 차? 그만치 이 지역의 식생활은 양이 꽉 잡고 있다. 이른 아침, 숙소를 나와 주린 배를 잡고 아침거리를 찾는 하이에나의 심정으로 길거리를 어슬렁어슬렁 걷다 보면 통째로 가죽을 벗기고 목을 쳐낸 후 깨끗하게 반으로 싹 가른 커다란 양을 가득 실은 트럭과 마주치게 된다. 어우! 깜짝이야, 잠이 확 깨네. 양이란 게 이렇게 큰 동물이었나? 부숭부숭한 털가죽을 벗겨낸 후에도 여전히 상당히 큰 덩치다. 이런 트럭들이 꽤 많이 보이는

데, 카스 시 외곽의 도축장에서 갓 잡은 양을 아침마다 정육점으로 배달
해 주느라 한창 바쁜 것이다. 그럼 정육점은 어디? 바로 '어디에'나 있다.
많은 상인이 제각각 길거리에 좌판을 벌여놓고 고기를 판매중이다. 얼핏
보아선 무질서한 노점상인 듯하지만 자세히 보면 나름 규격화되어 있는
가게들이라는 걸 알 수 있다. 시에서 부여한 고유 번호가 적힌 작은 간판
을 걸어 놓고 장사를 한다. 아침마다 트럭에 실려 온 큼직한 양을 받아서
뒷 발목 부분을 쇠갈고리에 푹 찍어 대롱대롱 걸어 진열하면 드디어 영업
준비 끝, 장사 시작이다.

"아저씨, 갈빗살 반 근이랑 앞다릿살 한 근이요. 두 근 같은 한 근 줘~
나 단골이잖아!" 손님의 주문을 받으면 큼직하고 네모진 식칼과 자그마
한 손도끼를 이용해 원하는 만큼 쿵쿵 때려 잘라내고 쓱쓱 썰어 다듬어준
다. 위구르인이 사용하는 칼과 손도끼는 대부분 카스에서 탈탈거리는 버
스를 타고 한 시간 반가량 달려간 곳에 있는 도시 옌지사르에서 생산된
것인데, 약 400여 년의 전통 수공예 칼 제작 역사를 자랑하는 곳이다. 전
설에 따르면 옌지사르 지역이 워낙 토질도 좋지 않고 강수량도 적어 농사
를 짓기 어려운 환경이라 하늘에서 칼 만드는 장인을 내려주어 그 기술로
먹고살 수 있도록 했단다.

다시 양 이야기로 돌아가자. 여하튼 이렇게 아침 댓바람부터 시뻘건 양고기가 통째로 주렁주렁 매달려 있는 모습이 생경하고 당황스럽긴 하지만 그것도 자꾸 보다 보면 곧 익숙해지고 덤덤해진다. 핏물이 뚝뚝 떨어져 주변에 흐르는 것을 보니 요 앞에서는 절대로 넘어지지 말아야겠다는 생각도 들고.

하나 더, 뭔가 물컹한 것을 밟았다면 그게 뭔지 확인하지 않는 쪽이 정신건강에 이로울 것이다. 한마디로 도시 촌년에게는 무척이나 열악하게 느껴지는 환경이다. 에이, 뭐 어때! 온 김에 양고기나 실컷 먹고 가면 되겠네(대범한 척). 뭐가 좋을까? 양꼬치는 벌써 질리게 먹었으니 다른 걸 찾아보자. 고기라면 역시 통구이지! 시내 곳곳에서 어린 양을 통째로 구워 파는 노점을 어렵지 않게 발견할 수 있다. 바로 저거야, 저거! 금갈색으로 잘 익은 커다란 양을 보자마자 "우와!" 하며 입이 절로 벌어진다.

양 통구이는 주로 2년생 양을 이용하는데, 껍질을 싹 벗겨 낸 다음 안팎으로 소금을 발라 간하고 그 위에다 양념을 펴 바른다. 달걀과 잘게 썬 생강, 골파와 후추를 잘 섞은 끈적한 양념이다. 이

렇게 밑 준비가 끝나면 고기를 화덕에 넣고 약 한 시간에서 두 시간가량 진한 황갈색을 띠도록 굽는데, 아주 큰 화덕이 필요하므로 노점에서 직접 굽진 못하고 조리된 것을 가져다 판매한단다. 저 큰 걸 어떻게 주문해야 할지 망설여져서 우선 다른 사람들이 먹는 것을 흘끔대며 구경해보니 원하는 만큼 조금씩 잘라서 접시에 담아주길래 나도 용기를 내어 주문했다. 손으로 요만큼만 달라는 시늉을 하니 아저씨가 "샤오少?"라고 묻는다. "조금만 줄까?"라는 뜻이다. 신장 위구르 자치구에선 터키어 방언의 일종인 위구르어(아랍 문자로 이루어져 있다)를 주로 사용하지만 물론 중국어도 통한다. 여행을 떠나기 전 두 달가량 어학원에 다니며 인사말과 숫자 정도를 겨우 익혔는데, 요게 꽤 유용하게 쓰이네. 물론 정신없는 보디랭귀지가 거들어줘야 하긴 하지만. 그렇게 어렵사리 받아든 양 통구이의 맛은? 어휴, 이거 별미다. 겉은 파삭하고 속살은 쫄깃한 게 완전 일품이다. 은은한 생강 냄새까지 사람을 홀리게 만든다. 안 먹고 구경만 했으면 두고두고 후회할 뻔했다. 대낮 거리에서뿐 아니라 이 지역 명물인 야시장에서도 흔하게 만날 수 있는 인기 음식이다.

어, 저건 또 뭐지? 족발처럼 양의 발 부분을 진한 색의 양념 국물에 푹 조려 야들야들하게 만든 것도 있고 양념 없이 덩어리째 삶아낸 담백한

수육도 있다. 껍질이 붙어 있는 걸 보니 쫄깃하겠다. 돼지고기 제육이라면 새우젓 콕 찍어 날름 먹을 테지만 이곳에선 소금에 쯔란을 섞은 양념을 찍어 먹는다. 달달하게 담은 보쌈김치가 있으면 참 잘 어울릴 텐데. 그 옆 노점의 음식을 보니 한국이 더욱 그리워진다. 양의 창자에 살코기 다진 것과 밀가루를 꽉꽉 채워 익힌 것을 둥글게 둘둘 감아 잔뜩 쌓아 놓은 모양새가 영락없는 순대다. 돼지로 만든 것이 아닐 뿐이지. 아휴, 어째 계속해서 돼지고기를 떠올리게 하는 음식들이 줄줄이 등장하니 절로 군침이 돈다. 하지만 큰일 날 소리. 이곳은 모슬렘들이 가득한 지역이다. 이슬람교의 성전인 코란에는 "병들어 죽은 짐승을 먹지 마라", "동물의 피를 마시지 마라", "야생 동물이나 비늘이 없는 생선을 먹지 마라" 등 음식과 관련된 금기사항이 17가지 정도 되는데 그 중 대표적인 것이 '돼지고기를 먹지 마라'는 조항이다. 아니 왜요? 이 맛있는 삼겹살과 목살, 항정살과 가브리살을 대체 왜 못 먹게 하는 건데? 눈을 둥그렇게 뜨며 묻고 싶지만 코란에 그렇게 나와 있다는데 무슨 말을 더할 수 있을까.

하지만 한편으론 "고의가 아니고 어쩔 수 없이 먹었을 때에는 죄가 아니다"라고도 쓰여 있다니 어느 정도의 유연함은 있는 모양이다. 사실 이 부분에 대해서는 다양한 역사적·문화적 해석과 의견이 있다. 환경과 습관, 그리고 종교적 신념 등이 오랜 시간에 걸쳐 음식 문화 속에 고유

의 특색을 부여한다는 것(이것은 비단 이슬람교에만 해당하는 것은 아닐 것이다)
이다. 말하자면, 더위에 약한 동물인 돼지를 기르기 위해서는 충분한 그
늘과 물이 필요하지만 그 옛날 이슬람교를 받아들인 대부분 지역이 무척
덥고 건조했기 때문에 돼지 사육은 투자한 만큼의 수익을 가져다주지 못
했을 것이다. 게다가 양이나 소처럼 방목하며 기를 수 있는 가축도 아니
며 젖을 짤 수도 없다. 그러니 자연히 기후 환경에 더 잘 맞는 양 같은 동
물을 선호했던 것이 아닐까? 그뿐인가, 덥고 건조한 여름만큼이나 혹독하
게 추운 겨울엔 따스하고 풍성한 양털 모자라든가 양털을 자아 만든 실로
짠 스웨터, 양말, 두툼한 바지, 심지어는 신발 안쪽 깔창까지 만들어 사용
하니 이래서야 우리 가엾은 돼지가 비집고 설 틈이 없다. 그래, 돼지 너는
한국에서 누나랑 따로 만나자.

　그렇게 하루, 이틀, 사흘, 나흘. 구운 양에 질리면 볶은 양을 먹고, 볶
은 양이 물리면 삶은 양을 먹는다. 튀긴 양, 찐 양, 매콤하게 양념한 양, 심
심하게 익힌 양, 양고기 만두, 양고깃국, 양고기 장조림, 양고기 고명을 얹
은 국수. 동네 개들이 앞발로 꼭 움켜쥐고 으드득으드득 뜯는 것도 당연
히 양갈비다. 벗어나려야 벗어날 수 없는 양고기의 블랙홀이다. 여행 온
김에 실컷 먹어주마 했던 결심도 열흘쯤 지나자 흔적도 없이 수그러들었
다. 2주간의 신장 위구르 자치구 배낭여행, 어느새 내 입에선 노랫가락이
흘러나온다. 당신에게선 양 내음이 나네요~.

위구르 칼 구경하러
옌지사르 고고고~

英吉沙

카스에서 2시간

곳곳에 칼가게가 있어요.
다들 소규모 수공업 분위기!

온김에
하나 사

휘어지고
날렵한 모양.
쫌 멋진듯 ....

멋지긴 한데
쓸일이 없어
패스~

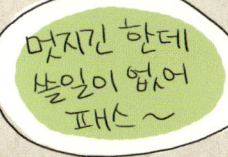

위구르인들은
으레 하나씩
갖고 다녀요

칼은
왠지

쫌 무섭...

량피싸 노점. 큼직한 묵을 국수처럼 칼로 통통 썰고 있다.

국수 한 그릇
하실래요?

양고기 이야기를 줄줄 늘어놓다 보니 생생한 양 내음이 코끝을 스쳐 가는 듯. 슬슬 뭔가 개운한 걸로 분위기 전환을 해야 할 때다. 위구르 음식들은 대부분 슬로우 푸드라 주문을 하고 나서 음식을 받을 때까지 한참 기다려야 한다. '한참'이 아니라 '한~참'이다. 요령 따위 없는 순박한 음식이라 그런 게지 싶으면서도 막상 배가 많이 고플 땐 테이블을 손가락으로 톡톡 두드리며 안절부절못하게 된다. 그리고 그 톡톡 소리의 RPM은 점점 빨라진다. 패스트 푸드에 지나치게 익숙해진 탓일까. 물론 기본으로 둥그런 빵 '낭'을 먼저 내주기는 하지만 그걸 뜯어 먹으며 허기를 채우는 건 주문한 김치찌개가 나오기도 전에 공깃밥만 홀랑 다 먹어버리는 것과 다르지 않으니 꾹 참아야 한다. 아우, 감질나.

이럴 땐 역시 '라그멘'이 좋다. 쫄깃한 수타면 위에 매콤하고 알알하게 양념한 고기와 채소 볶음을 듬뿍 올려 비벼 먹는 음식이다. 워낙 이걸 주문하는 손님이 많아서 어지간한 식당에선 국수 반죽도 고명도 미리 준비해놓아 주문을 받자마자 후닥닥 조리해 내준다. 하지만 '미리' 준비

했기에 가능한 속도일 뿐 사실 라그멘은 여느 위구르 음식 못지않게 시간과 정성이 필요한 음식이다. 영어로 쓰인 여행 안내책자에선 라그멘을 'pulled noodle'이라고 표현한다. 'pull'이라면 '잡아당긴다'는 뜻인데 왜 그런 단어를 쓴 것인지 호기심이 모락모락 피어오른다. 생글생글 웃음을 무기로 식당 주방에 은근슬쩍 들어가 요리하는 모습을 직접 보고서야 이해할 수 있었다.

　우선 밀가루(낭을 만들 때와 똑같은 밀가루이다)를 꾹꾹 힘주어 반죽한 후 몇 시간 동안 잘 숙성시킨다. 그다음 반죽을 길고 도톰하게 밀어 큰 접시나 바닥이 평평한 용기의 한가운데에 가져다 대고 한쪽 끝에서부터 달팽이 껍질 마냥 뱅글뱅글 돌려가며 말아간다. 완성된 것을 오븐에 넣고 구우면 달팽이 모양 빵이 되지 않을까 싶은 모양새. 이 반죽을 좀 더 숙성시키다 주문이 들어오면 다시 제일 겉 부분의 끝을 쭉쭉 잡아당겨 가늘게

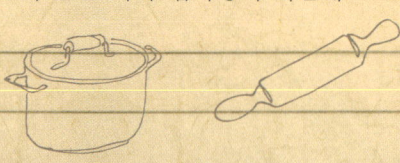

뽑아낸다. 꽤 빠른 속도로 만들어지는 단 한 줄의 길고 긴 국숫발이다. 마술을 부리는 듯한 요리사의 손끝을 보고 있으면 그저 신기할 뿐. 이미 한번 밀어서 기다란 모양을 만든 것이라 그저 잡아당기기만 하면 되는 것 아닌가 싶지만 손가락의 힘과 손목의 스냅, 속도 조절이 조화를 이루지 못하면 반죽이 뚝뚝 끊어져 버린다. 실제로 우연히 만나 친구가 된 광저우 출신의 중국인 여행자들과 함께 식사할 때도 이 라그멘 국숫발 뽑는 것을 구경할 기회가 있었는데, 일행 중 한 명이 팔을 걷어붙이고 자신만만하게 도전했다가 금세 반죽을 뚝뚝 끊어먹는 걸 보고는 다들 한바탕 웃으며 놀리기도 했다. 이렇게 전문가의 숙련된 솜씨가 필요한 면 뽑기가 끝나면 양손에 털실을 감듯이 면을 칭칭 감아 조리대 바닥에다 빠르게 몇 차례 후려쳐 밀가루 조직 사이의 공기를 최대한 빼내어 차진 맛과 쫄깃함을 더해준다. 탕, 탕, 탕! 수타 짜장면집에서 종종 보고 듣던 익숙한 모습과 소리다.

다음은 국수 위에 얹을 고명을 만들 차례. 뜨겁게 달군 팬에 기름을 넉넉히 두른 후 고기를 넣어 촤악 소리가 나도록 볶는다. 양고기(또 양고기!)나 쇠고기를 사용하는데, 모슬렘들이 많은 지역이다 보니 물론 돼지고기는 쓰지 않는

다. 여기에 토마토와 목이버섯, 양파와 가지, 피망과 고추, 마늘과 마늘종, 샐러리와 호박 등 다양한 채소를 통통 잘게 썰어 넣어 함께 볶는다. 채소는 그때그때 있는 것을 적당히 섞어 쓰는 듯, 보통 한번에 4~5가지 종류가 들어간다. 모두 이 지역에서 생산된 것들이다. 시장에 가면 딱 보기에도 무척 옹골차 보이는, 빛깔과 향이 아주 진한 채소와 과일이 가득한데 어르신들이 종종 말씀하시는 '진짜 시골 채소'가 이런 게 아닐까 싶다. 강수량이 무척 적고 햇볕이 쨍쨍한 기후 덕에 맛이 진하게 응축되어 있다.

고명이 거의 다 익었다 싶으면 그 위에 빨간 고추기름을 휘리릭 뿌리고 소금간으로 마무리해 준 후 미리 쫄깃하게 삶아 접시에 1인분씩 나눠 담아둔 면발 위에 얹는다. 면과 고명을 같은 팬에 넣어 조리하는 볶음국수와 달리 면 따로 고명 따로 조리하는 게 특징. 고추기름 덕에 색이 꽤 붉어져 먹음직스럽다. 쓱쓱 비벼 한입 후루룩 먹으니 매콤, 쫄깃, 향긋한 게 무척 개운하고 얼큰하다. 말하자면 국물 없는 짬뽕이라는 느낌. 양고기의 쓰나미에 조금 지쳤다면 라그멘을 후룩후룩 먹으며 잠깐 속을 달랠 수 있을 것이다. 대부분의 식당에서 주문할 수 있는 무척 흔한 음식이다. 하지만 길거리 노점에서 파는 것은 한 번도 보지 못했다. 제대로 된 부엌 시설이 없으면 만들기 어려워 그럴지도 모른다.

그럼 노점에선 어떤 국수를? 뜨겁게 먹는 라그멘 대신 차갑게 먹는 '량피싸'가 개중 가장 흔히 보인다. 중국어로는 량펜이라고 하는데 위구르인들은 이걸 량피싸라고 발음한다. 처음 이 음식을 보았을 때 제일 먼저 든 생각은 '어라, 묵 국수 아냐?'라는 것이었다. 노점 좌판 위에 하얀색의 반투명하고 큼직 묵직한 덩어리가 몇 개씩 놓여 있다. 녹두 등으로 만든 묵이라는데 이걸 새끼손가락 굵기로 툭툭 길게 채쳐 양념을 끼얹어 먹는다. 혹은 덩어리 대신 쟁반만 한 크기의 얇고 넓은 모양으로 굳힌 묵을 돌돌 말아 식칼로 퉁퉁 잘라내어 국수를 만들기도 한다. 칼국수 면을 만들 때와 같은 요령이다. 몇 번의 칼질에 너비 1센티미터 가량의 넓적한 국수가 금세 한 뭉텅이다.

이제 어떤 스타일의 묵을 선택할 것인가는 손님의 마음대로다. 재료는 같지만 국숫발의 스타일에 따라 식감이 꽤 달라질 테니 무엇으로 하는 게 좋을까 하며 잠시 멍하니 바라보고 있자 노점 주인아저씨가 알아서 요것 조금, 저것 조금 섞어 담아주신다. 묵으로 만든 국수 위에는 기름기가 있는 끈적한 양념장을 끼얹었는데 굵은 고춧가루를 잔뜩 넣어 꽤 맵고 칼칼하다(이빨에 고춧가루가

잔뜩 끼게 되니 절대로 소개팅에선 먹어선 안 될 음식!). 식초와 간장도 듬뿍 넣은 듯 시고 짠맛이 강하다. 여기에 파 썬 것과 유부, 채 썬 당근과 폭 삶은 병아리 콩을 고명으로 올리고 쯔란과 후추를 뿌리면 완성된다. 차갑게 먹는 국수이기에 망정이지 뜨거운 것이었다면 맵고 짜고 신맛이 강해 먹기 힘들었을 것이다. 금세 입술이 화끈거리고 살짝 부어오를 정도로 강렬한 맛이다.

녹두로 만든 묵 국수는 생각 외로 힘이 있다. 우리나라의 묵처럼 금세 툭툭 끊어질 거라 예상했지만 탄력이 강하다 못해 질기게 느껴질 정도다. 여기에 아삭아삭한 채 썬 당근과 담백한 병아리 콩도 잘 어울리는 고명이다. 이 지역의 당근은 놀랍게도 레몬빛깔. 하지만 맛은 보통의 당근과 똑같다. 병아리 콩은 완두콩보다 좀 더 큰 연한 노란빛의 둥근 콩인데 배아 부분이 병아리 주둥이처럼 뾰족하게 톡 튀어나와 그런 이름이 붙었다고 한다. 우리나라에선 흔하지 않지만 중동 음식과 인도 음식 등엔 아주 널리 쓰이는 음식재료다. 물론 위구르인들 역시 병아리 콩을 무척 좋아해, 노란 당근과 함께 새콤하고 달달하게 무쳐 길거리 노점 식당에서 파는 걸

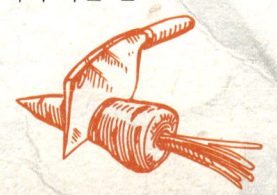

종종 볼 수 있다.

　어우 매워, 어우 입술이야! 강한 맛에 힘들어하면서도 맵고 시고 짠 양념 맛이 은근히 중독성 있어서 금세 량피싸 한 그릇을 싹 비웠다. 개운하고 혀가 알알하다. 라그멘과 량피싸 덕에 살짝 느끼했던 속이 쑥 내려 갔으니 다시 양고기로 만든 음식을 좀 더 먹어볼까나.

맛있게 드세요! 낭을 가득 담은 그릇에 양머리국 국물을 찰랑하게 부었다.

속풀이엔
국물이 최고지

　　매콤 알알하게 볶은 채소가 듬뿍 올라간 쫄깃한 수타 면발의 라그멘을 무척 맛있게 먹었지만 왠지 뭔가 좀 아쉽다. 여기에 육수만 한 국자 부어주면 짬뽕이 될 텐데라는 생각을 하며 먹었기 때문일까? 역시 속 뜨끈해지는 국물이 간절해진다. 이런 생각은 점심때도 저녁때도 종종 했지만 역시 아침 먹을 때가 되면 유난히 더 그렇다. 이곳은 술집이라곤 눈을 씻고 찾아봐도 없는 이슬람 문화권, 그러니 어젯밤 한잔 한 것도 아닌데 왜 아침부터 뜨거운 국물 생각이 나는 걸까? 깔끔하고 개운한 콩나물국에 고춧가루 팍팍 쳐서 먹어도 좋고(자칫하면 사레가 들려 눈물을 쪽 빼기도 하지만) 시원한 북엇국이나 속 든든해지는 곰탕, 진한 내장탕도 좋겠다. 아휴, 생각만 하면 뭐해. 까치집이 생긴 머리와 푸석한 얼굴을 양손으로 쓱쓱 쓸어 대충 사람 꼴을 만든 후 지갑을 들고 거리로 나섰다.

　　낭 굽는 구수한 냄새가 솔솔 풍기는 골목엔 작고 허름한 식당들이 쪼로록 모여 있다. 아침 8시가 채 안 된 이른 시간이라 영업 개시 전인 곳도 많지만 벌써 손님이 꽤 모여든 가게도 있다. 뭘 파는 곳이지? 다가가 보니

식당 앞 화덕에 올려놓은 커다란 솥에선 무언가 국물 요리 같은 것이 버글버글 끓고 있고 그 옆엔 뚜껑이 달린 머그잔 같은 자그마한 용기가 잔뜩이다. 용량이 한 700mL쯤 되려나? 법랑이나 스테인리스 소재로 만든 용기인데 눈치를 보니 음식을 주문하면 솥 안의 내용물을 요 안에다 1인분씩 넣어 주는 듯하다.

그 내용물이 대체 뭔가 하니, 양의 머리를 통째로 넣고 푹 끓인 고깃국이다. 이미 깨끗하게 살점을 발라낸 양의 두개골들이 솥 아래 땅바닥에 네댓 개 놓여 있는 걸 보니 소머리 해장국이 생각난다. 좋아, 오늘 아침밥은 여기서 먹는 걸로 결정! 열려 있는 문에 머리를 들이밀고 둘러보니 벌써 식사 중인 손님이 꽤 있길래 안심하고 들어갔다. 밖에서 볼 때는 가게 안이 어둑어둑 시컴시컴해 장사하는 게 맞나 싶어서 긴가민가했는데 다행이네. 카스의 식당에선 대부분 어딜 가든 자유롭게 합석하는 분위기라 나도 시치미 뚝 떼고 슬쩍 혼자 식사 중인 아저씨 맞은편에 앉았다. 왜 가게 불을 켜지 않는 거냐고 손짓으로 물어보니 고개를 가로저으며 위구르어로 뭐라 뭐라 한다. 알 수 없다.

테이블에 앉았으니 일단 음식을 주문해야지. 주변을 둘러보니 가게 앞에서 본 뚜껑 달린 머그잔이 모두의 앞에 하나씩 놓여 있다. 다들 같은 걸 먹는 모양이다. 음식을 향해 손가락질 한 번, 다시 내 입을 향해 손가락질 한 번 하며 "저도 저걸로 주세요!"라는 뜻을 전달하니 곧 뜨거운 차가 가득 담긴 주전자와 찻잔, 베이글 모양의 낭 한 개, 그리고 빈 국사발 하나가 나왔다. 앞서 말했듯 위구르인의 음식들은 하나같이 슬로우 푸드라 한참을 기다려야 하니 일단 차를 홀짝홀짝 마시며 입가심을 한다. 솥에 담긴 음식을 퍼다 주기만 하면 될 텐데 대체 무슨 시간이 이렇게 걸린대? 구시렁대며 낭을 힘주어 뜯는데 갑작스레 가게 안이 환해진다. 아유 깜짝이야! 그렇구나, 아침마다 일정 시간이 되어야 전기 공급이 되는 모

양이구나. 신장 위구르 자치구는 다른 지역에 사는 중국인들에게도 큰 맘
먹고 가야 하는 여행지일 정도로 변방에 속하는 지역이다. 그냥 먼 정도가
아니라 베이징에서 출발한 기차가 카스에 도착할 때까지 70시간 이상 걸
릴 정도로 멀고도 멀다.

　18세기, 몽골을 정벌한 후 탄력을 받은 청나라가 당시 동 투르키스탄
이었던 이 지역을 침략해 정복했으나 위구르인들의 강한 저항으로 결국
군사를 철수해 돌아갔더랬다. 그러나 제정 러시아와 영국 사이에 본격적
인 냉전이 시작된 이후 지리적으로 중앙아시아 패권 다툼의 전초기지가
될 수밖에 없었던 동투르키스탄은 결국 19세기 말 영국의 군자금을 받은
청나라의 재침략을 받아 중국의 영토로 흡수되고 말았다. 현재 천만 명 가
까이 되는 위구르인들이 대를 이어 이 지역에서 살고 있지만 소수의 한족
이 경제권을 장악하고 있어 유혈 사태를 동반한 격렬한 독립운동이 끊이
지 않는다. 그러다 보니 위구르인들의 생활은 상대적으로 열악하다. 오늘
식당에서 체험한 제한적인 전기 공급도 아마 그런 이유에서일 것이다. 아
픈 역사를 되짚어 보는 건 일단 여기까지. 드디어 음식이 나왔거든요!

　설레는 마음으로 머그잔 냄비의 뚜껑을 열어보니(뜨거우니 조심조심)
기름기가 별로 없는 맑은 국물 속에 꽤 실한 살점이 붙어 있는 양의 뼈가
한 개 들어 있다. 이 지역의 풍습을 따라 뜨거운 찻물로 미리 소독해둔 숟
가락을 넣어 바닥을 휘휘 저으니 노란색의 병아리콩과 역시 노란색의 당
근, 양파 건더기가 나온다. 맞은편에 앉아 있는 아저씨가 테이블을 툭툭
치길래 쳐다보니 이렇게 먹으면 된다며 시범을 보여준다. 딱딱하게 굳은
베이글 모양의 낭을 한입 크기로 뜯어 국사발에 가득 담은 후 고깃국물
을 부어 먹으란다. 곰탕에 공깃밥을 말아먹는 것과 같다. 단지 밥 대신 낭
일 뿐이다. 간단하잖아? 네네 저도 해볼게요 하며 낭을 뜯는데 이게 생각
처럼 쉽지가 않다. 공복이라 손에 힘이 없어 그런 것도 있지만 식어서 굳

은 낭은 정말 돌덩이처럼 딱딱하기 때문이다. 그러니 우유에 오레오 쿠키를 담가 먹듯 국물 혹은 찻물에 낭을 콕 찍어 부드럽게 만들어 먹거나 아저씨가 알려주신 것처럼 아예 국물에 말아 먹어야 한다. 낭도 낭이지만 일단 간절하던 국물부터 한 숟갈 호로록 떠 마셔보니 양 특유의 누린내가 살짝 풍기지만 기름기를 깨끗이 걷어낸 것이라 담백하다. 처음 한두 모금까진 조금 생경하다 싶은 냄새지만 그것만 넘기면 곧 속이 확 풀어지는 기분 좋은 느낌이 든다. 아침부터 든든한 갈비탕 한 그릇 먹는 셈이지 뭐. 새큼하게 잘 익은 깍두기까지 있었다면 금상첨화겠다 싶다. 뼈에 붙은 고기는 좀 질겼지만 악착같이 앞니로 뜯어 먹었다.

양머리국은 이렇게 전문 식당에서 먹을 수도 있지만 길거리 노점에서도 역시 한 그릇 가볍게 할 수 있다. 게다가 가격은 식당의 삼분의 일 수준. 아침에만 반짝 영업하고 이후엔 장사를 접는 노점들이다. 커다란 솥 안엔 바글바글 끓고 있는 고깃국물이 가득하다. 인기 있는 노점인지 등받이 없는 딱딱한 나무 벤치 같은 기다란 의자 두세 개에 사람들이 궁둥이를 바짝 붙이고 앉아 복작대며 아침 식사를 하고 있다. 파는 사람도 먹는 사람도 모두 남자들이라 내가 다가가니 흠칫 놀라며 금세 자리를 만

들어 준다(앗싸!).
냄비 옆 쟁반 위
에 낭이 그득하게
담겨 있어 자유
롭게 집어 들고
먹으면 되는데
앞서 말했듯 낭

갱(낭을 굽는 화덕) 벽의 시멘트가 낭 바
닥 면에 묻어 나오는 경우가 종종 있으
니 잘 살펴봐야 한다. 주머니칼이 있으
면 그걸로, 없으면 양손에 낭을 하나씩
들고 바닥 면을 서로 마주 댄 채로 득득
긁어 떼어내면 된다. 노점에선 머그잔 냄
비 대신 국사발에다 곧바로 국물과 뼈를
떠 담아준다. 식당에서와 마찬가지로 손
에 힘을 주어 딱딱한 낭을 뚝뚝 잘라 사발
가득 채워 노점 주인아저씨에게 내
미니 그 위에다 고기 국물을 가득
담아주고는 손짓으로 뼈를 가리키
며 뭐라 뭐라 한다. 응? 뭐라고요?
무슨 소리인지도 모른 채 무조건
끄덕끄덕하니 고깃점이 붙은 뼈도
한 조각 넣어준다.
　　호록 호록 국물을 들이켜고
퉁퉁 불은 낭을 씹으며 양머릿국

끓이는 모습을 관찰해본다. 통째로 솥에 넣고 폭 삶아낸 양머리를 건진 후 적당히 식으면 손으로 일일이 살점을 발라내 다시 솥 안에 넣고 더 끓인다. 깨끗하게 발라진 하얀 머리뼈가 솥 앞에 줄지어 있는 걸 보니 좀 그로테스크하지만 알 게 뭐람. 소머리 국밥도 좋아하고 돼지 머리를 눌러 만든 편육도 무척 좋아하는걸 뭐. 특히 편육! 새우젓 콕 찍어 먹으면 정말 맛있는데 위구르인들은 그 맛을 아마 평생 모르고 살겠지.

국사발이며 젓가락 등은 너무나 안타깝게도 별도의 설거지를 하지 않고 행주(좋게 말해서 행주, 사실은 걸레)로 쓱쓱 닦아 재사용한다. 그러다 보니 탁자며 의자며, 온 사방이 양고기 기름기로 번들번들하다. 그래도 좋다고 후룩후룩 맛있게 먹고 있으니 주인아저씨가 양 머리에서 살점을 떼어내다 말고 사진을 찍어주겠다며 카메라를 이리 달란다. "오 좋죠"하며 냉큼 건넸는데 촬영 후 돌려받고 나서 보니 카메라가 온통 번들번들 기름투성이. 흐흐 웃으며 가방에서 물티슈를 꺼내 쓱쓱 닦고 옆에 앉은 아저씨들에게도 한 장씩 드렸다. 여행 중엔 항상 물티슈를 들고 다니는데 신장 위구르 자치구에서처럼 유용하게 쓰인 적은 아직 없다. 어쨌든 잘 먹었어요 아저씨들!

비도 아랑곳 않고 쑤안나이와 낭으로 아침식사중인 아저씨. 그래도 모자만큼은 비닐봉지를 씌워 놓으셨네.

소젖? 양젖?
낙타젖?

  쇠고기와 닭고기보다는 양고기가 확실히 대세인 신장 위구르 자치구. 그럼 유제품류는? 역시 소젖보다 양젖으로 만든 음식들이 대세이다(닭젖은 없으니 넘어가자). 거기에 하나 더 추가하자면 이 지역에서는 낙타젖으로 만든 유제품도 어렵지 않게 볼 수 있다. 이쯤 되면 요거트며 아이스크림, 치즈와 버터 등의 유제품은 당연히 소젖, 즉 우유로 만드는 거라고만 생각했던 내가 우물 안 개구리처럼 느껴진다.

  하긴, 치즈로 유명한 나라인 프랑스나 이탈리아만 해도 물소와 염소, 양젖 등 쉽게 떠올리기 어려운 다양한 재료로 치즈를 만들잖아. 이 나라, 저 나라로 개골개골 부지런히 여행을 다니며 눈의 시야뿐 아니라 입맛의 시야도 조금씩 넓혀가는 중이다. 그러고 보면 세상에 못 먹을 게 어디 있나 싶단 말이지. 스페인에선 살캉살캉 껍질 부딪치는 소리를 내며 꿈틀대는 싱싱한 식용 달팽이들을 삽으로 떠 마늘과 후추, 소금 간을 해서 푹 삶아 술안주로 먹기도 했고(골뱅이 삶은 것 마냥 시원하다) 토마토소스에 폭 익힌 토끼 한 마리를 통째로 뜯어 먹기도 했다(생각보다 잔뼈가 많고 살점이 적

어 배가 차지 않았다). 어떤 음식은 맛있다 맛있어 감탄하며 먹었고, 또 어떤 음식은 고개를 갸웃거리며, 때로는 겨우겨우 목구멍 너머로 넘기기도 했다. 모두 그리운 추억들.

신장 위구르 자치구의 유제품 이야기를 꺼내려다 잠깐 딴 길로 샜네. 오늘따라 유난히 건조하고 햇볕 쨍쨍한 이곳 날씨, 시원하게 아이스크림 한 그릇 해야지! 카스 시내엔 아이스크림을 파는 가게나 노점이 꽤 많다. 음식점들이 늘어선 골목이라던가 시장통 주변에서 어렵지 않게 찾을 수 있는데 그 중 눈에 띄는 가게의 문을 열고 들어가 보았다.

서로 말은 통하지 않지만 벽에 붙은 아이스크림과 단 과자류 사진들을 가리키며 손짓 발짓을 더해 어렵사리 주문에 성공했다. 사실 테이블마다 작은 메뉴판이 놓여 있긴 한데 처음부터 끝까지 위구르어(아랍 문자)만 가득이라 나로선 당최 의미를 알 수가 없다. 잠시 후 종업원이 주먹만 한 찻잔에 소프트아이스크림을 가득 담아 들고 왔다. 초등학생 정도로 보이는 어린 소년인데 가게 안에 들어올 때부터 계속 눈을 떼지 않고 나를 뚫어지게 쳐다보고 있었다. 종업원으로서가 아니라 아이다운 호기심일 것이다. 대체 저 외국인 여자는 뭘 시킬까 궁금한 거겠지. 자식, 누나도 아이스크림 정도는 많이 먹어봤거든?

숟가락으로 조금 떠 입에 호로록 넣으니 금세 사르륵 녹아내린다. 겉으로 봐서는 은은한 연노랑 빛을 띤 흔한 바닐라 아이스크림인 줄 알았는

데 먹어보니 향료 같은 첨가물은 전혀 들어가지 않은 듯, 그저 우유 냄새
만 진하게 풍긴다. 아니, 우유가 아니라 양젖 냄새겠지. 유지방의 함유율
이 높은 듯 산뜻하지 않고 묵직하다. 얼음 입자가 굵어 설겅거리며 씹히
기도 한다. 처음 먹어보는 위구르 아이스크림이라 나름 진지한 태도로 한
입 한 입 맛을 분석해보려 했지만 더운 날씨에 금세 녹아내리는 아이스
크림을 앞에 두고서 분석은 무슨, 그냥 숟가락으로 싹싹 긁어 맛있게 먹
었다. 그리고는 아까부터 계속 내 곁을 맴돌며 힐끔거리는 종업원 소년을
손짓으로 불러선 위구르어만 가득한 메뉴판을 보여주며 지금 내가 먹은
아이스크림이 이 중에서 대체 어떤 것이냐고 물었더니 메뉴 중 하나를 콕
찍어준다. 이 그림같이 생긴 아랍 문자가 바로 아이스크림이란 말이야?
왠지 신기하다. 위구르어로는 '마루지나'라고 한다. 초콜릿 맛도 딸기 맛
도 없이 그저 한 가지 종류뿐이라 좀 심심하지만 어디서든 살 수 있는 공
장제 아이스크림콘이나 하드보다는 이왕이면 다른 곳에선 맛볼 수 없을
마루지나를 많이 먹어둬야 섭섭하지 않겠지.

　　라그멘이나 량피싸 같은 매콤한 국수를 먹고 입술이 얼얼해질 때도
달콤하게 마루지나 한 컵, 양꼬치 냄새에 질려 속이 느글거릴 때도 시원
하게 마루지나 한 컵. 이 양젖 아이스크림을 판매하는 가게에선 따끈하게

데워 설탕을 탄 양젖이나 낙타젖도 마
실 수 있다. 게다가 에어컨까지! 테이블
네댓 개와 의자가 전부인 썰렁하고 휑
한 인테리어의 가게이지만 그래도 어엿
한, 그리고 존재만으로도 고마운 디저
트 카페이다.

　　이번에는 진하고 새큼한 요거트
차례. 이른 아침의 거리를 돌아다니다

보면 국사발에 담긴 새하얗고 물컹한 순두부 같은 음식을 먹고 있는 사람들을 종종 보게 된다. 바로 양젖으로 만든 발효유이다. 중국어로는 '쑤안나이'라고 하며 중국 전역에서 두루 먹는 유제품이라는데 특히 이곳 신장 위구르 자치구에선 일반적인 재료인 소젖 대신 양젖을 사용해 만든다는 게 특징. 위구르어론 '케틱'이라고 한다.

아침 식사로 뜨끈한 양머릿국만 인기 있는 줄 알았더니 요구르트도 꽤 사랑받는 모양이네. 먹어보고 싶다! 어디서 팔지? 식당에서 파나, 가게에서 파나? 두리번거리며 계속 걸어가다 한 무리의 아주머니들이 사거리에 쭈그리고 앉아 예의 국사발을 쌓아두고 있는 모습을 발견했다. 저거다! 큰 통에다 허연 요거트를 가득 담아다 국자로 덜어 팔기도 하지만 대부분은 처음부터 국사발에 양젖을 담아서 발효시킨다. 가까이 다가가니 아주머니들이 서로 자기가 만든 것이 더 진하다며 요거트가 가득한 그릇을 홱 뒤집어 보인다. 금세 쏟아질 것 같아 당황했는데 뜻밖에 멀쩡하다. 그만큼 단단한 질감으로 잘 발효되었다는 의미일 것이다. 그런데 요걸 어떻게 먹어야 하나? 국사발 크기가 꽤 큼직해 다 먹을 자신이 없어 망설이고 있으니 눈치 빠른 한 아주머니가 작은 밥그릇에 담긴 요거트를 내민다. 좋아, 이 정도라면 한 입 감이

지. 대부분의 손님은 그릇에 담긴 내용물을 비닐봉지에 득득 긁어 담아 포장해 가거나 집에서 냄비를 들고 와 그 안에 담아가지만 난 그냥 아주머니들 옆에 함께 쭈그리고 앉아 먹기 시작했다. 시선 집중이다. 여행이 거듭될수록 점점 뻔뻔해진다. 뭐 어때. 눈치를 보니 아주머니들도 요거트를 파는 중간 중간 아침 식사를 하고 계신걸. 쟁반 모양의 둥글고 얇은 낭을 부숴서 여기에 푹 찍어 떠먹는 모습을 그렁그렁한 눈으로 애절하게 쳐다보자 한 아주머니가 낭을 큼직하게 뚝 잘라 건네주신다. 냉큼 받아서 진한 요거트를 듬뿍 찍어 먹어보니, 와, 겉보기에만 걸쭉한 게 아니라 맛도 굉장히 새큼하고 진하다. 질감도 우리나라의 떠먹는 요거트와는 비교도 되지 않을 정도로 차지다. 오히려 크림치즈에 더 가깝다고 할까? 이 노점(이라기보단 아주머니 군단)에선 요거트와 더불어 양젖도 판매한다. 역시 직접 외양간에서 짜온 듯, 유리병에 담아 와서는 손님이 원하는 만큼 비닐봉지나 냄비에 부어준다.

그렇게 무척 맛있는 아침을 먹고는 이틀 후 다시 아주머니들이 모여 있는 곳으로 돌아와 또 한 그릇을 샀다. 요거 요거 맛있었지, 오늘도 맛있겠지? 군침이 돈다. 그런데 에엥? 분명 지난번에는 진하고 깔끔하고 새큼한 게 별미였는데 오늘은 시큼한 맛이 지나쳐 역하기까지 하다. 에이, 이러면 곤란한데? 공장에서 대량으로 생산하는 게 아니라 집에서 조금씩 만드는 것이다보니 맛과 질감에 기복이 있는 모양이다. 그야말로 복불복.

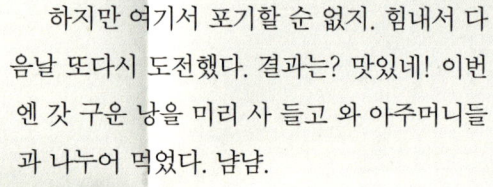

하지만 여기서 포기할 순 없지. 힘내서 다음날 또다시 도전했다. 결과는? 맛있네! 이번엔 갓 구운 낭을 미리 사 들고 와 아주머니들과 나누어 먹었다. 냠냠.

　세상은 넓고 맛있는 것은 많단 말이지 하고 혼잣말을 하며 길을 계속 걸어간다. 음? 저 노점 아저씨가 파는 게 뭘까? 빨랫비누? 누리끼리한 회색의 네모진 덩어리, 크기도 생김새도 딱이다. 가까이 다가가니 아저씨가 작은 손도끼로 빨랫비누의 귀퉁이를 툭 쳐서 잘라내어 슥 내밀며 먹으란다. 잠깐, 그럼 비누가 아니란 이야기잖아. 3초쯤 망설이다 입에 넣고 씹었다. 아, 이거 치즈구나! 누린내가 심해 좀 역하긴 하지만 그래도 치즈 특유의 풍미가 느껴지는데 무척 짭짤하고 딱딱하다. 도끼로 잘라 팔아야 할 정도의 경도이다. 낙타젖으로 만드는 치즈로, 이 지역에서 맛본 유제품들 중 가장 특유의 맛과 향이 강하다.

　이 돌덩어리 같은 치즈는 이후 우루무치의 대형 상점에서도 볼 수 있었는데 깔끔하게 소량씩 잘라 포장되어 있어 선물용으로 좀 사볼까 하다가 과연 받는 사람이 기뻐해 줄지 의문이라 마음을 접었다. 그만치 누린내가 진하게 풍긴다. 아, 그러고 보니 저쪽 판매대엔 낙타젖으로 만든 분유도 있었지. 그 맛은 또 어떨지 궁금해지네.

할머니가 카메라를 보시더니 손짓하며 사진을 찍어달라 하셨다. 이가 모두 빠지신 듯, 식사는 어찌 하시는지….

올드 시티에서
차 한잔

　오늘 점심은 뭘 먹을까? 국수? 양고기 찐만두? 볶음밥? 식당 한 곳을 콕 찍어 문을 열고 들어가 자리에 앉으니 주문하기도 전에 우선 뜨거운 찻물이 가득한 자그마한 법랑 주전자와 찻잔부터 가져다준다. 와 고맙습니다. 뜨거운 차를 한 잔 호록호록 마시다 보면 속이 풀리면서 왠지 마음도 느긋하게 풀리는 기분이다. 뭘 주문할지는 일단 요거 한잔하면서 천천히 생각해봐야지.

　하지만 그 기분 그대로 여유만만하게 잔에 찻물을 따라 마시는 건 좀 곤란한 게, 입을 대기 전에 먼저 잔을 소독해야 하기 때문이다. 주전자에 들어 있는 뜨거운 물을 찻잔에 반쯤 채운 후 요리조리 돌려가며 묻어 있을지도 모를(보통은 묻어 있다) 기름기를 씻어내야 한다. 입이 닿게 될 부분은 좀 더 꼼꼼히 신경 써야지. 셀프 설거지가 끝난 후엔 테이블 위에 놓인 찻물 통에 쪼르록 따라 버리면 끝. 앗, 끝이 아니지. 마찬가지 방법으로 수저도 잘 소독해야 진짜 끝이다.

　신장 위구르 자치구의 식당들이 특히 비위생적이라 이런 과정을 거

쳐야 하는가 오해할 수 있지만, 사실 이건 일종의 풍습 같은 것이다. 중국 본토뿐 아니라 홍콩의 딤섬집 등도 마찬가지이다. 화려하고 비싼 곳이야 이야기가 다르지만 동네 사람들이 주로 가는 식당에선 역시 마찬가지로 각자 찻잔과 수저 등을 테이블 위에서 달그락 달그락 직접 소독해 사용한다. 중국 음식에 기름기가 많아서 그런 걸까, 주방의 설거지 과정을 믿지 못해 그런 걸까, 혹은 둘 다일까? 깊게 생각해봤자 나만 손해다. 당장 고픈 배를 채워야 하니 그러려니 하고 열심히 젓가락이나 닦는 것이 낫겠다. 모르는 게 약이다, 약!

설거지를 마친 후 어렵사리 첫 잔을 마신다. 그냥 녹차나 발효차겠지 했는데 꽃향기와 허브 향기가 은은하게 섞여 있어 기분이 좋아졌다. 찻주전자의 뚜껑을 열어보니 찻잎에 꽃잎과 이름 모를 향신료가 섞여 있다. 양고기 요리에 필수적으로 들어가는 쯔란(강황)의 향기도 살짝 나고, 팔각의 향기도 솔솔 풍긴다. 주문한 음식과 함께 마시기도 하지만 딱딱하게 굳은 낭을 찍어 먹기도 한다. 혹은 아예 국사발에다 낭을 뜯어 담은 후 찻물을 부어 퉁퉁 불려 먹기도 하는데 양머릿국 국물에 낭을 말아먹는 것과 같은 방식이다. 이 딱딱하고 조직이 치밀한 빵을 찻물에 불려 우물우물 먹다 보면 금세 배가 부르다. 1위안가량의 적은 돈으로 배를 채우는 방법이다. 식당에 가면 별도의 음식 대신 낭만 한 개 주문해서 이런 식으로 한 끼를 때우는 사람들이 꽤 있다. 검소하고 소박하다고 해야 할까? 그보다는 대대로 자신들의 땅이었던 이곳에서 소수의 한족에게 경제권을 빼앗

긴 채 차별받으며 궁핍한 생활을 하는
구나 싶어 마음이 좋지 않다.

　국수와 양꼬치로 점심을 먹고는 살
금살금 동네 산책을 한다. 이곳 신장 위
구르 자치구에 사는 천만 위구르인들의
마음의 고향이라는 카스 큰길엔 오토바
이와 승용차, 버스들이 제각기 매연과 소
음을 풍풍 내뿜으며 내달리고 있어 조금
만 걸어도 금세 정신이 사나워지지만, 좁
은 골목 안쪽으로 몇 걸음만 돌아들어가
면 전혀 다른 세상이 펼쳐진다. 아니, 한눈
에 펼쳐진다기보다는 걸으면 걸을수록 한
겹 한 겹 벗겨진다는 것이 맞겠다.

　미로처럼 복잡하게 얽혀 있는 좁은 골
목 안쪽엔 오래되고 낡은 집들이 가득하다.
외벽은 모두 은은한 노란색과 연하고 부드러
운 살구색이 섞여 있어 공기마저 따스해지는 듯한
느낌이 든다. 보리 짚을 섞어 바른 흙벽 역시 때깔이
연하고 곱다. 그리고 무엇보다 고요하다. 큰길의 소
음이 다 어디로 간 것일까? 혹시 이 오래된 집들과
흙벽이 싹 흡수한 것은 아닐까?

　시간이 멈춘 듯한 이 미로 같은 골목은 카스
의 올드 시티old city. 문자 그대로 구시가지이다. 위
구르인의 진짜 모습을 볼 수 있는 소중한 공간으
로, 카스는 옛날부터 위구르인들에게 있어 종교, 문화의 중심도시이자 실

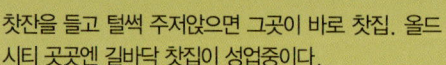
찻잔을 들고 털썩 주저앉으면 그곳이 바로 찻집. 올드
시티 곳곳엔 길바닥 찻집이 성업중이다.

크로드를 건너온 귀한 물건들이 활발하게 거래되던 거대 상업도시이기도 했다. 유혈 사태를 동반한 독립운동이 끊이지 않는, 아슬아슬하고 불안한 현재의 모습과는 무척 달랐을 것이다.

　카스 시내 곳곳에 미로처럼, 거미줄처럼 길고 깊게 퍼져 있는 아름답고 조용한 올드 시티는 안타깝게도 현재 점점 그 입지를 잃어가고 있다. 지난 2004년부터 중국 정부가 이곳을 서서히 없애기 시작한 것이다. 지진이 날 경우 속수무책이라는 등의 이유로(그 오랜 역사에도 끄떡없던 곳인데!) 올드 시티에서 대를 이어 살고 있던 위구르인들을 대거 아파트 형태의 주거지로 이주시키는 중이다. 독립투쟁이 끊임없이 발생하니 주민 통제를 좀 더 수월하게 해보려는 시도일 것이다. 오랜 주거지를 잃는다는 것은 특유의 전통문화를 잃는 것과도 같은 일이다. 국제기구에서도 위구르 문화가 사라질 것을 우려해 대대적으로 반발했지만 중국 정부의 입장은 몹시 강경해, 회유 대신 강력한 탄압정책을 펴고 있다. 얼마 전까지만 해도 한동안 이 지역의 국제전화와 인터넷을 통제해 외부와의 접촉을 막았을 정도였으니 더 무슨 설명이 필요할까.

　그래도 아직 남아 있는 고풍스러운 올드 시티에선 위구르인들이 옛 모습을 최대한 간직한 채 살아가고 있다. 한편 이곳과는 전혀 다른 분위기의 신시가지는 경제권을 장악한 소수의 한족이 자리 잡고 있다. 큰길을 사이에 두고 이쪽 편은 위구르어로 된 가게 간판들이, 저쪽 편은 한자 간판들이 빼곡히 달린 것을 보면 기가 찰 정도다. 물과 기름처럼 이질적으로 나뉜 모습이라니, 한 도시 안에서 달라도 너무 다르다. 한번은 신시가지의 큰 쇼핑몰 앞을 지나가다 먼지를 뒤집어쓴 채 한창 보도블록 공사 중인 위구르인들을 보았는데, 그 바로 옆엔 세련된 옷차림의 한족이 여유

롭게 쇼핑을 하고 있었다. 우연히 보게 된 장면이지만 이 지역의 현재 모습을 상징하는 듯해 씁쓸했다.

계속 울적해만 하면 안 되겠지? 올드 시티의 좁은 골목 안쪽에도 찻집들이 꽤 여러 곳 성업 중이다. 딱히 그럴싸한 가게가 있는 것이 아니라 길바닥에다 카펫을 깔아 놓고 그 위에 신발을 벗고 올라가 앉아 차를 마시는 형태이다. 이 카펫은 위구르인의 전통 공예품인데, 터키라던가 중동 국가에서처럼 이곳에서도 만만치 않게 정교하고 아름다운 무늬가 가득한 카펫을 쉽게 볼 수 있다. 큼직한 카메라를 들고 골목을 기웃거리는 외국인이 신기해 보였는지 아저씨들이 손짓하며 차 한잔하고 가라신다. 손님은 모두 남자들이다. 역시 이슬람 문화권답다. 그들의 눈에는 여자 혼자 여행하는 것이 신기하기도, 위험천만해 보이기도 할 것이다.

신발을 벗고 카펫 위로 올라와 앉으니 차를 가져다준다. 골목길에 보일러를 설치해 놓고 물을 끓이다 손님이 오면 한 주전자씩 만들어 주는데 찻잎을 듬뿍듬뿍 아낌없이 넣어 맛과 향이 진하다. 역시 이곳에서도 깔끔한 설거지를 기대할 수 없으니 어느새 익숙해진 손놀림으로 찻잔을 쓱쓱 소독해 따끈하고 향긋한 차를 마셨다. 길거리 찻집이지만 나름의 인테리어가 있는데, 골목 양쪽 벽의 꼭대기에다 붉은색의 기다란 천을 마치 천정처럼 매달아 놓았다. 아마도 햇볕과 비 등을 막기 위한 것이겠지. 낡은 천엔 구멍이 숭숭 뚫려 있어 그 사이로 햇볕 줄기가 새 들어온다. 허름하지만 아름다운 무늬의 카펫과 잘 어울려 은근히 운치가 있다. 역사고 정치고 독립이고 뭐고, 지금 이 순간은 그냥 마냥 고요하고 한가롭다.

내 마음을 두근거리게 만든 설탕투성이 빵. 그런데 왜 단맛이 나지 않는 거니! 왜!

나에게
단 것을 달라

위구르인들에게 있어 빵이라고 하면 뭐니뭐니해도 낭이다. 얇은 쟁반 모양의 커다란 낭이든 작고 둥글고 뚱뚱한 베이글 모양의 낭이든 오로지 낭, 낭뿐이다. 어딜 가든 밀가루에 물을 섞어 꾹꾹 눌러 반죽해 화덕에서 노릇하게 구워내는 모습을 볼 수 있다. 이른 아침부터 늦은 밤의 야시장 까지 문자 그대로 온종일 낭, 낭, 낭! 엄청나게 사랑을 받는 빵이지만 우리나라의 밥과 같은 주식인지라 그저 덤덤한 맛이라는 게 아쉽다.

물론 그래야 질리지 않고 계속 먹을 수 있겠지. 하지만 난 지금 입이 무지하게 심심하다고! 달걀을 삶아 마요네즈와 소금, 후추를 쳐 팍팍 으깬 다음 야들야들한 식빵 사이에 끼운 샌드위치도 먹고 싶고, 소시지와 양파를 얹고 케첩과 마요네즈를 뿌린 기름 잘잘 흐르는 피자 빵도 먹고 싶다. 딱딱하고 질긴 낭을 씹다 혀까지 잘근 씹기를 몇 차례 거듭했더니 슬슬 보들보들 쫄깃쫄깃한 빵이 그리운 것이다. 그리고 무엇보다도 단것이 먹고 싶어! 달달한 팥 앙금을 듬뿍 넣은 쫄깃한 팥빵, 진한 초콜릿 무스, 부드러운 생크림 케이크, 새큼한 치즈 케이크!

과연 카스에서 이런 달콤한 디저트류를 찾을 수 있을까? 물론이다! 한족들이 모여 사는 신시가지의 빵집에선 색소를 듬뿍듬뿍 아낌없이 넣은 버터크림 케이크며(어릴 적에 먹던 그 맛이다) 말린 과일과 단팥이 꽉꽉 들어찬 월병 같은 중국 전통 과자를 판다. 심지어 그 옆은 탄산음료와 햄버거를 파는 패스트푸드점이다.

양고기 특유의 냄새와 생소한 향신료에 쩔쩔매다 보면 가끔은 요런 익숙한 음식의 품에 쏙 안기고 싶다는 생각에 마음이 약해진다. 하지만 언제 또 이곳에 올 수 있겠어? 여긴 카스라고! 베이징에서 열차로 70시간 이상 걸리는 머나먼 도시 카스! 우리나라에서도 먹을 수 있는 음식은 잠시 뒤로 제쳐놓고 위구르인들의 음식을 어떻게든 다양하게 먹어 봐야 두고두고 아쉽지 않겠지.

에잇, 억지로 힘을 내서 구 시가지의 상점가를 쭉 걸어가 본다. 여기도 낭, 저기도 낭, 그 건넛집도 낭을 파는 곳. 안달이 난다. 대체 뭘 이렇게 잔뜩 구워내? 벽돌 대신 쌓아서 집이라도 지을 거야? 하지만 산더미처럼 쌓인 노르스름한 낭에 가려 잘 보이지 않았을 뿐 과자점들이 아주 없는 것은 아니다.

　　한 가게에선 낭을 부지런히 구워내는 사이사이 굵은 설탕을 듬뿍 묻힌 두툼하고 둥그런 빵도 만들고 있다. 와 찾았어! 정신없이 주머니를 뒤져 동전을 꺼내 빵값을 내고 광분하며 한입 덥석 물었는데… 엥? 이빨이 들어가지 않는다. 돌덩이처럼 딱딱하다. 이건 베이글 모양의 낭 위에 설탕을 뿌린 것에 불과하잖아.

　　게다가 그 설탕이라는 것도 우리가 보통 생각하는 것과 달리 입안에서 잘 녹지도 않고 단맛도 약하다. 어쩌면 그동안 달콤하고 기름진 음식을 하도 많이 먹어 이젠 어지간한 단맛에는 꿈쩍도 하지 않게 된 것일지도 모르겠다. 그뿐인가, 폭신하고 쫄깃한 빵은 밀가루와 물 외에도 여러 가지 첨가물이 들어가 있는 경우가 많을 것이다. 그런 빵, 과자류에 익숙하니 딱딱하고 담백하고 심심한 위구르인의 빵엔 별 재미를 느끼지 못하는 것인지도.

　　깨달음은 짧고 욕구는 무한하다. 숙연한 표정으로 자기반성

을 5초쯤 한 다음 다시 달콤한 음식을 찾아 삼만 리를 나섰다. 구시가지의 번화가에 진입해 두리번거리며 걷다 보니 생각보다 쉽게 빵집을 발견할 수 있었다. 하지만 달콤 안테나를 바짝 세우지 않았더라면 아마 그냥 지나쳐 버렸을 것이다. 위구르어 가득한 빛바랜 간판엔 제과류 사진이 프린트되어 있는데 그게 얼핏 봐서는 알아보기 어려울 만치 흐릿하기 때문이다. 안으로 들어가니 유리로 만든 진열 상자 안에 쿠키와 카스텔라, 설탕을 묻힌 꽈배기 등이 그득. 이거야 이거! 진열 상자 위쪽엔 쇠로 만든 빨간색의 둥근 통이 쌓여 있다. 아마도 케이크나 과자류를 넣는 용기겠지? 그조차도 왠지 그리운 모양새, 그리운 디자인. 하지만 가게 안에 사람이 없어 우물쭈물하는데 계산대 뒤편 문 안쪽의 어두운 공간에서 스카프를 쓴 아가씨가 나와 미소를 지으며 이리 들어오란다. 과자와 빵을 만드는 작업 공간이다. 아주 허름하고 좁고 어둡다. 우리나라에서라면 위생 불량으로 〈불만제로〉나 〈소비자고발〉 같은 프로그램에 나올 만한 분위기지만 이곳 사람들은 큰 카메라를 든 나에게 어서 들어오라고 기꺼이 주방을 열어주며 구경도 시켜주고 열심히 설명도 해준다(위구르어라 알아듣지는 못했다). '당연한' 기준과 '당연한' 상식은 없다는 사실을 새삼 느낀다.

그래서 지금 만드는 음식은 뭔가요? 어두운 주방에서 눈을 크게 뜨고 보니 쇼트닝을 듬뿍 넣은 과자 반죽을 한입 크기로 떼어내 동글동글한 경단을 빚은 다음 그 위에 참깨를 듬뿍 뿌려 바삭하게 튀겨내는 작업 중이다. 조리 과정을 구경하며 사진을 찍고 있으니 가장 경력이 오래된 듯한 아주머니가 대표로 하나 먹어보라고 건네준다. 아이고 뜨거워라. 후후 불며 입으로 가져가려니 모두들 두근두근한 표정으로 나를 뚫어져라 바라보고 있다. 그래서 맛은? 달콤하고 기름지고 고소하다. 어릴 적 생각나는 촌스럽고도 그리운 맛이다. '초등학교'가 아닌 '국민학교'를 다닌 세대라 그런지 그 시절이 그리워진다. "맛있어요!" 엄지손가락을 치켜들며 웃으니 다들 좋아한다. 주방에서 나와 설탕 듬뿍 묻은 꽈배기와 둥그런 카스텔라 빵도 하나씩 사서 먹어보았다. 보드랍고 쫄깃한 먹는 느낌을 상상하며 한입씩 베어 물었는데 목이 턱 멘다. 가슴을 쿵쿵 치며 먹어야 하는 빵, 역시 옛날 그대로의 맛이다. 생각해보면 어릴 적엔 나도 이런 간식들을 항상 우유나 보리차와 함께 먹었더랬지. 우리 땅에서 한도 끝도 없이 멀리 떨어진, 그야말로 이역만리 타국에서 어린 시절을 떠올린다.

양고기 만두 쌈싸를 빚는 식당 종업원. 우리나라 만두보다 빚기 쉬워 보이는데, 도전해볼까?

너희들마저도
양고기냐

　　따끈한 차도 마시고 달콤한 과자도 먹으며 잠시 외도했지만 어쩔 수 없이 다시 양고기의 품으로 컴백. 이 지역을 여행하는 자들에게 양고기란 피하려야 피할 수 없는 운명(씩이나) 같은 것이다. 한국에서 유통되는 양고기는 대부분 비교적 냄새가 약하고 육질이 보드라운 램lamb, 즉 1년 미만의 어린 양을 도축한 것이지만 신장 위구르 자치구에선 그 이상 나이를 먹은 양의 고기인 머튼mutton으로 음식을 만들기 때문에 맛도 냄새도 질감도 강렬하고 질기다. 따끈한 군만두 '쌈싸'를 와작 깨물며 잊을 수 없는 그 향기 속으로 다시 들어가 보자.

　　일단 만두소부터 준비한다. 붉은 살코기와 흰 기름 부위를 가로세로 1센티미터가 채 안 되는 크기로 깍둑썰기해 소금과 후추, 약간의 쯔란으로 간을 한다. 살코기 따로, 기름 부위 따로 각각 썰어놓았다 합쳐야 적당한 비율을 맞출 수 있다. 기름만 많으면 느끼하고 살코기만 많으면 질깃질깃하고 뻑뻑할 테니까. 여기에 잘게 다진 양파를 듬뿍 넣어 잘 섞으면 끝.

그럼 만두피는? 마트에서 몇 봉지 사다가 빚으면 편하겠지만 이곳에선 일일이 밀가루를 반죽해 한 장 한 장 손으로 밀어서 만든다. 낭을 만들 때 쓰는 것과 똑같은 밀가루를 이용해 역시 같은 방법으로 반죽한 다음 작은 덩어리로 떼어낸 후 밀대로 밀어 얇고 넓게 펴는데, 보통 우리나라에서 많이 쓰는 공장제 만두피의 약 2배 정도 되는 두께이다.

재료가 모두 준비되었으니 본격적으로 빚을 차례. 손바닥 위에 만두피를 한 장 올려놓고 그 위에 고기와 양파를 섞은 속 재료를 손으로 슥 집어 올린 후 만두피를 착착 접어 마무리한다. 뭐야, 되게 간단한데? 손끝으로 꼭꼭 눌러가며 오므려 모양을 내고 그 접은 모양이 위쪽으로 오게 하는 한국식 만두와는 달리 만두피를 바닥 면 쪽으로 접어 마무리하기 때문에 완성된 만두를 위에서 보면 접은 부분이 전혀 보이지 않는다. 영 손재주가 없어 만두와 송편을 빚을 때마다 고전하는 나로선 꽤 솔깃해지는 제조방식이다. 이거 국내 도입 시급한걸?

순식간에 둥글납작한 만두가 잔뜩 만들어졌으니 이제 노릇하게 굽기만 하면 된다. 낭을 구울 때와 마찬가지로 입구가 둥글고 내부가 깊은 화덕을 이용하는데,

낭갱(낭을 굽는 화덕)보다는 규모가 작다. 만두를 하나하나 화덕 벽에 손으로 찰싹 붙인 후 약 20분가량 천천히 구워낸다. 이 과정을 하염없이 구경하고 있는 내가 신기한지 식당 주인아저씨와 종업원들이 번갈아 흘끔거린다. 오고 가는 손님들도 함께 흘끔흘끔. 디지털카메라의 LCD 창을 켜고 그동안 찍은 음식 사진들을 그들에게 보여주니 무척 관심 있어 한다. 낭, 라그멘, 하며 음식 하나하나마다 뭔가 설명을 해주는데 위구르어를 할 줄 모르니 굉장히 아쉽다. 이런 건 인터넷 검색으로도, 안내책자로도 얻을 수 없을 생생한 정보일 텐데….

어느새 20분이 지나 양고기 군만두 쌈싸가 드디어 완성되었다. 만세! 화덕 벽에 달라붙은 만두들을 쇠꼬챙이로 요령 좋게 하나하나 떼어내는 모습은 그 속에 고기가 들었다 뿐이지 낭을 만드는 것과 다를 게 없다. 그럼 맛은? 접시에 담은 뜨거운 쌈싸를 조심조심 뒤집어 혹시 묻어 있을지도 모를(보통은 묻어 있다) 화덕 벽의 시멘트 조각을 잘 떼어낸 다음 후후 불어 한입 깨물었다.

바삭하겠지 생각했는데 웬걸, 상당히 딱딱하다. 하기야, 낭과 똑같은 재료로 만들어 똑같은 화덕에서 구워낸 만두이니 당연할 것이다. 좀 더 힘을 주어 깨무니 그제야 뚝 하고 만두피가 부서지며 뜨거운 고깃국물이 입안으로 확 퍼져 들어온다. 앗! 뜨거! 속 내용물엔 양의 기름 부위가 넉넉히 들어가 있어 맛이 진하고 부드러우며, 열기에 기름이 녹아내려 촉촉한 게 일품이다. 야 이거 맛있네! 후후 불어가며 허겁지겁 먹어 치웠다. 식어버리면 겉은 지나치게 딱딱해질 것이고 속의 기름도 다시 굳어버릴 테니 헛

바닥이 데더라도 뜨거울 때 얼른 먹는 게 남는 장사겠다. 가격도 한 개에 달랑 1위안이니 세상에, 정말 싸다. 양껏 먹어야지.

　그럼 이 지역엔 이렇게 딱딱한 군만두만 있느냐? 설마요. 쫄깃하고 야들야들한 찐만두도 있다. '만타' 혹은 '만티'라고 하는 것으로 네팔과 티베트의 전통 음식인 '모모'와 무척 흡사하다. 사실 그 지역들과는 지리적으로도 무척 가까운데 네팔, 티베트 등에선 염소고기와 야크고기, 물소고기 등을 사용하지만 신장 위구르 자치구에선 단연 양고기를 쓴다. 만타는 쌈싸와 같은 재료로 만드는데 굽지 않고 찐다는 것만 다르다. 보통 생각하는 찐만두보다는 질기지만 그래도 딱딱한 쌈싸 껍데기에 비하면 솜사탕 마냥 부드러운 만두피다. 딱딱하게 굳은 낭과 쌈싸를 먹다 혀를 깨물기를 몇 차례, 이젠 어지간한 음식은 질기다는 생각도 들지 않는다.

　만두 종류 말고 뭐 다른 것 또 없을까? 볶음밥도 나쁘지 않겠다. 위구르어로는 '뽈로', 중국어로는 '쫘아판'이라고 부르는데, 볶음밥이라고 했지만 실은 기름에 익히는 밥에 더 가깝다. 그야말로 기름 밥이다. 뜨겁게 달군 커다란 중국식 팬에 기름을 듬뿍, 정말로 듬뿍 넣은 후 뼈째 퉁퉁 쳐서 조각 낸 양고기와 소금을 넣고 튀긴다. 고깃점만 발라내어 넣으면 먹기 편하겠지만 뼈에서 우러나는 특유의 진한 맛이 부족하다고 한다. 고기 겉면이 익으면 당근과 양파 등의 채소를 잘게 썰어 넣고 계속 볶다가 쌀을 넣어 약 40~50분가량 익힌다. 건포도나 석류알을 넣어 달콤한 맛을 더한 뽈로도 있는데, 기름진 볶음밥에 웬 과일이냐 싶었지만, 맛을 보니

뜻밖에 잘 어울린다. 건포도와 석류 모두 신장 위
구르 자치구의 특산물인데 당도가 무척 높다. 완
성된 뽈로는 국자로 기름을 계속 떠내 버려야 할
정도로 기름지다. 게다가 그 안에 양고기도 듬뿍
이라 식용유와 양의 기름이 섞여 그야말로 기름 연
못. 조리 과정을 처음부터 지켜보고 있으면 솔직히
먹고 싶다는 생각이 별로 들지 않는다. 하지만 눈 딱
감고 한 입 먹어보니 뜻밖에 맛이 꽤 좋은 게, 느끼
하고(당연하다) 고소하며 양고기 특유의 냄새와 채소
가 어우러져 술술 넘어간다. 냄새를 잡기 위해 후추
와 쯔란, 고춧가루 등을 넣어 살짝 매콤하기도 하다. 이거 별미네 별미.

맛만 그런 게 아니라 뽈로는 실제로도 '별미'이다. 연평균 강수량이
100밀리미터 미만인 이 지역에선 주로 밀 농사를 짓기 때문에 상대적으
로 쌀이 매우 귀해, 옛날엔 결혼식이나 장례식 같은 행사나 축제 때에만
뽈로를 만들어 먹곤 했다고 한다. 지금이야 이 지역의 밀가루가 중국 각
지로, 또 중국 각지의 농산물이 이곳으로 와 다양한 식생활을 할 수 있지
만 그렇지 못했던 옛날엔 아마도 큰맘 먹고 뽈로를 만들었을 것이다. 그
런 만큼 혼자 먹기보다 잔뜩 만들어 다 같이 모여서 나누어 먹는 풍습이
생겼을 것이고. 물론 지금은 시대가 바뀌어 나 혼자서도 가볍게 한 그릇
주문해 먹을 수 있게 되었다. 기름을 듬뿍 쓴 것이라 이왕이면 규모가 좀
있고 손님도 북적대는 식당이어야 음식의 회전이 빨라 맛이 좋다. 위구르
인들은 전통적으로 추운 산간지방에서 유목 생활을 해왔기 때문에 체온
유지를 위해 고열량의 기름진 음식을 먹는 습관이 있다고 한다. 유목은커
녕 따끈한 구들장에 등을 지지는 걸 좋아하는 나로선 먹는 족족 전부 뱃
살로 갈 것 같으니 이를 어쩐다.

위구르인 무용수들의 전통 춤 공연. 생기 없는 표정과 몸짓에 마음이 무거워진다.

유목민의
집을 엿보다

　세상에, 눈앞에 KFC 매장이 있어! 어머머, 저건 피자헛이잖아! 익숙한 간판을 보며 감격에 겨워 꺽꺽거리다니 대체 무슨 일이? 중국의 서쪽 끝, 파키스탄 국경과 무척 가까운 곳에 있는 카스를 떠나 우루무치烏魯木齊에 도착하니 좀처럼 적응이 되지 않는다.

　우루무치는 넓고 넓은 중국 대륙에서도 제일 넓은 자치구인 신장 위구르의 구도이자 중국 서부의 최대 도시로 교통과 산업의 중심지 역할을 하고 있다. 좋게 말하면 이국적이고 나쁘게 말하면 열악한 카스에서 2주간 지내다 온 나에게 우루무치의 첫 인상은 별천지였다. 위구르의 전통 음식이라면 카스에서 징하고 진하게 맛보았는데 굳이 공업도시인 이곳까지 온 이유는? 그야 귀국하려면 어차피 우루무치에 와야 하니까! 우루무치에서 한 번, 베이징에서 또 한 번, 비행기를 두 번 갈아타야 한국에 돌아갈 수 있다. 이왕 온 김에 며칠간 주변을 돌아다니며 구경해야지.

　우루무치는 거대한 톈산산맥 자락에 자리를 잡은 도시다. 해발 924미터로 상당히 높다. 게다가 제일 가까운 바다에서 2천250킬로미터나 떨어

천지 호수는 맑고 아름다웠고 무엇보다 무척 추웠다.

져 있다는 사실로 기네스북에 올라 있기도 하다. 오래전부터 우루무치에 가게 된다면 꼭 하고 싶은 것이 있었는데 바로 아시아에서 제일 큰 산맥 중 하나이자 영화 〈와호장룡〉의 배경인 톈산에 오르는 것. 10여 년 전 영화를 보며 주인공들이 사랑을 나누는 광활한 초원과 높은 산이 대체 어디에 있는 곳인지 몹시 궁금했었다. 그곳이 신장 위구르 자치구의 톈산산맥이라는 것, 주인공 중 한 명인 도적 떼의 우두머리가 위구르인이라는 것을 알고 난 후 언젠가는 이 땅을 꼭 내 발로 걸어 여행하리라 결심했는데 10년 만에 꿈을 이루었으니, 캬, 감격스럽다!

그럼 어서 톈산에 올라야지. 다행히 우루무치 시내에서 출발하는 버스를 타면 톈산 입구의 관광 안내소까지 한번에 갈 수 있다. 거기서 다시

케이블카나 도보로 산꼭대기에 있는 천지 호수까지 오르게 된다. 전문 산악인이긴커녕 아파트 뒷산도 1년에 한두 번 오를까 말까 한 게으름뱅이지만 그래도 낑낑대며 내 발로 오르니 기쁘고 뿌듯하다. 뭔가 해내는 느낌이다. 물론 10분 만에 숨이 턱까지 차오르고 심장이 벌렁대 역시 케이블카를 탈 걸 그랬나 살짝 후회하기도 했지만.

드디어 천지! 백두산 꼭대기의 천지와 이름이 같다. 거울처럼 맑고 투명한 호수다. 해발 1천980미터, 천산에서 두 번째로 높은 봉우리. 입을 한껏 벌려 맑고 깨끗한 공기를 듬뿍 들이마시니 폐가 깨끗해지는 기분이다. 거기에 하나 더, 폐가 얼 것 같다. 엄청나게 추워요 추워! 분명 산 아래 날씨는 기분 좋게 선선했는데 꼭대기에 올라오니 하얀 입김이 폴폴 나고 손이 시리다. 엎친 데 덮친 격으로 차가운 빗방울도 간헐적으로 떨어진다. 이런 곳에서 유목 생활을 하려면 역시 고열량 음식이 필요할 것이다. 동물(주로 양)의 지방이며 식용유를 음식에 아낌없이 넣는 이유가 이해되는 날씨다.

호수 주변의 초원을 산책하는데 한 무리의 여행자들이 다가와 인사를 건넸다. 역시 나처럼 도톰한 옷을 입고도 와들와들 떨고 있는 중국인 한족들이었다. 서로 서툰 영어와 몇 개의 중국어 단어를 동원해 이야기를 나누다 의기투합해 함께 점심을 먹기로 했다. 모두 광둥성 광저우 출

신으로, 같은 중국인이지만 자기들에게도 위구르인의 음식은 낯설고 신기하단다. 이 지역에서 사업하는 친구의 초대로 먼 길을 온 것이라고. 예약해 놓았다는 식당은 다름 아닌 유르트yurt. 유목민들의 전통적인 주거 형태인 조립식 천막집이다. 식사를 주문해 먹으며 전통춤과 악기 연주 공연을 보고 들을 수 있고 원한다면 숙박을 할 수도 있다. 그렇잖아도 천산에 오르게 되면 꼭 유르트를 구경하고 싶었지만 혼자서 그 비용을 다 내는 건 부담스러워서 망설였는데 정말 운이 좋았다.

양 떼와 함께 언제든 이동할 준비가 되어 있는 유목민들에겐 조립과 분해, 이동이 가능한 천막집이 필수이다. 위구르인들 뿐 아니라 몽골, 남 시베리아, 중앙아시아의 유목민들도 마찬가지라 다들 거의 비슷한 형태의 천막집에서 생활한다. 중국어로는 파오包, 몽골어로는 게르ger, 위구르어로는 유르트. 이름은 다르지만 구조와 형태는 거의 같다. 나무로 짠 원형 틀을 세운 후 넓은 펠트 천을 두르고 덮어 햇볕과 바람, 눈과 비를 막는다. 벽과 천장 역할을 하는 펠트 천은 양털로 만든 것이다. 모두 자급자족이다. 두근대며 안으로 들어가 보니 천정이 꽤 높다. 전체 형태는 커다란 원통형이고 천정 부분은 완만한 고깔 모양이다. 집안 중앙에 난로가 있고 기다란 연통이 높은 천장 끝에 난 구멍을 통해 밖으로 빠져나와 있다. 입구를 제외하면 그 구멍이 유일한 채광창이다. 그러다 보니 내부는 어두침침한 편이지만 대신 훈훈하고 따스하다.

신발을 벗고 색과 문양이 화려한 위구르 전통 카펫 위에 앉아 서로의 이메일과 전화번호를 교환하는 사이 주문한 음식이 나왔다. 척 봐도 역시나 유목민들의 음식답게 기름지다. 약간의 당근과 양파, 가지 정도를 제외하면 채소는 그다지 많이 쓰이지 않는다. 양고기를 뼈째 넣고 기름을 넉넉히 쏟아 부어 익힌 볶음밥 뽈로를 비롯한 거의 모든 음식이 양고기와 양젖으로 만든 것들이다. 양고기구이, 양고기 볶음, 양젖 요거트로 발효시킨 반죽으로 만든 튀김 빵(무척 시큼한 맛이다), 누린내가 강한 양젖 치즈 등등. 이제는 대부분의 위구르인이 정착 생활을 하므로 그들이 경영하는 시내의 식당에서도 먹을 수 있는 음식들이지만, 그래도 유르트 안에서 먹으니 기분이 색다르다.

거기에 하나 더, 어디서든 흔히 마실 수 있는 차 대신 독특한 것을 내어 준다. 찻물에 양젖을 섞어 끓인 후 소금간을 살짝 한 '나이차'이다. 한입 호로록 마셔보니 싱겁고 밍밍하고 짭짤한데, 여기에 노란 양젖 버터를 한 숟갈 듬뿍 넣어 휘젓는다. 고소한 향기가 난다. 위구르인들 뿐

178
179

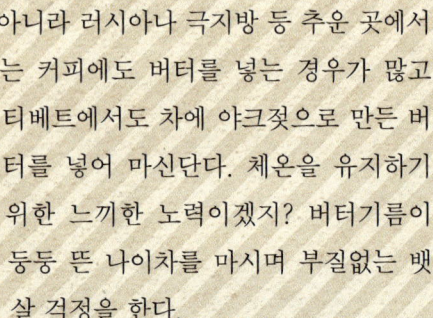

아니라 러시아나 극지방 등 추운 곳에서는 커피에도 버터를 넣는 경우가 많고 티베트에서도 차에 야크젖으로 만든 버터를 넣어 마신단다. 체온을 유지하기 위한 느끼한 노력이겠지? 버터기름이 둥둥 뜬 나이차를 마시며 부질없는 뱃살 걱정을 한다.

식사 분위기가 무르익어 갈 무렵 화려한 전통 의상을 입은 무용수들과 악기 연주자들이 들어왔다. 노래도 춤도 음악도 생소하고 독특하다. 양팔을 하늘로 치켜들고 치마를 펄럭이며 뱅글뱅글 도는 춤. 분명 흥겨운 춤인데 보고 있으려니 어째 마음이 편치 않다. 유목민의 문화가 이젠 관광객용 구경거리로 전락하고 만 것일까? 오랜 유목 생활 전통을 이어온 위구르인들은 이제는 중국 정부의 수월한 주민 관리 감독을 위해 반강제적으로 일정한 주거지에 정착해 살고 있다. 유목민의 발목을 붙잡은 셈이다. 그러니 현재 이 지역에 남아 있는 유르트들은 관광객을 위한 체험용 상품에 지나지 않는다.

언제든 떠날 준비가 되어 있는 '진짜' 유르트 대신 하단 부분을 콘크리트로 단단하게 마감해 땅에 박아놓은 '가짜'만 남았다. 이 안에서 유목민들의 음식과 차를 마시고 있긴 하지만 결국 수박 겉핥기일 뿐이다. 무용수도, 연주자도 모두 지겹다는 표정으로 춤과 연주를 하고 있어 마음이 더욱 불편하다. 이들은 하루에도 똑같은 춤과 똑같은 연주를 몇 번이나 반복해야 할 것이다. 맛있고 기름진 음식을 먹으며 가볍게 즐길 수만은 없는 아픈 역사.

부디, 비록 발은 묶였지만 영혼만은 언제나 자유로운 유목민이기를!

나무에 매달린 채로 서서히 건포도가 되어가는 중. 요 상태에서 맛을 보니 어휴, 무척 달았다.

청포도의
천국으로

어릴 적 흥미진진하게 읽고 또 읽었던 『서유기』. 왜 삼장법사는 가엾은 손오공의 머리에 꽉 끼는 금테를 씌워 괴롭히는 걸까, 불쌍해, 머리 엄청나게 아프겠다 하며 손오공에게 감정 이입했던 기억이 난다. 당시의 나에게 삼장법사란 천방지축으로 뛰어놀고 싶은 아이의 발목을 잡는 무서운 학습지 선생님 같은 느낌이었다. 괜히 나도 모르게 마음이 삐딱해진다. 어쨌든 삼장법사와 손오공, 저팔계와 사오정은 불경을 구하기 위해 천축국으로 먼 길을 떠나는데 가는 곳마다 무슨 요괴들이 그렇게 시비를 거는지 고생이 끊이질 않는다. 뭐, 소설이니 다 허구겠지? 그런데 웬걸, 신장 위구르 자치구엔 서유기에 등장하는 장소가 실제로 존재한다. 말도 안 돼, 거짓말! 고개를 저어보지만 이건 진짜다.

우루무치에서 남동쪽으로 150킬로미터 가량 떨어진 도시 투루판吐魯番의 화염산火焰山이 바로 그곳. 서유기의 팬이라면 망설일 이유가 없지. 무조건 간다. 팬이 아니라면? 투루판의 명물인 청포도 때문에라도 간다. 사실 투루판까지 가지 않아도 신장 위구르 자치구 여행 중엔 포도라면 질리게 먹을 수 있다. 붉은 껍질 포도도 있긴 하지만 대세는 청포도. 어디서든 손수레 가득, 혹은 좌판 가득 때깔 고운 청포도를 잔뜩 쌓아 올려두고 판매하는 상인들이 있다. 무척 크고 튼실한 포도를 한두 송이 사서 숙소로 돌아와 흐르는 물에 찰찰 흔들며 씻어 한 알 한 알 먹다 보면 어느새 이성을 잃고 끝장을 보게 된다. 아무리 맛있어도 그렇지 이렇게까지 맛있을 수가 있나. 한도 끝도 없이 자꾸만 입으로 들어간다. 포도가 달아봤자 거기서 거기 아니냐고? 캬, 이걸 어떻게 말로 할 방법이 없네. 수다쟁이의 입을 다물게 하는 포도의 도시 투루판은 우루무치 시내에서 두어 시간 정도 차를 타고 달리면 금세 도착하니 당일치기 여행으로도 괜찮은 곳이다.

투루판은 위구르어로 '움푹 들어간 땅'을 뜻한다. 즉 분지라는 이야기다. 얼마나 움푹 들어갔길래 이름을 그렇게 지었나 했더니, 맙소사! 해수면보다 낮은 곳에 있단다. 가장 낮은 곳은 해발고도 -154미터로 세계에서 두 번째로 낮다(첫 번째는 이스라엘의 사해). 사실 분지 하면 맨 먼저 떠오르는 건 대구인데, 거기가 여름에 그렇게 덥다지? 투루판도 마찬가지, 여름은 엄청나게 덥고 겨울은 상당히 춥다. 교과서에서 읽었던 바로 그 대륙성건조 기후이다. 연평균 강수량이 16밀리미터 남짓이라니 말만 들어도 피부가 쩍쩍 갈라지는 느낌. 우리나라가 평균 1300밀리미터 정도의 강수량을 기록하는 걸 생각하면 "어휴" 소리가 절로 나온다.

이 극악한 날씨는 대신 모두에게 달콤한 선물을 안겨준다. 바로 과일이다. 비가 많이 오면 과일과 채소의 맛이 싱거워지고 향도 약해지듯, 햇볕이 무섭게 내리쬐고 목이 타 들어갈 만치 건조하면 반대로 과일과 채소가 무척 알차게 익는다. 카스나 우루무치 등 신장 위구르 자치구의 지방 공항엔 면세점들 사이사이 제주도 마냥 과일을 파는 매장이 있는데, 공항 이용객들이 앞다투어 몇 상자씩 사 들고 비행기에 오를 정도로 인기가 좋다. 저 때깔 고운 것들을 잔뜩 사다가 가족과 친구들에게도 맛보여 주고

신장 위구르 지역 어디에서든 포도만큼은 마음껏
먹을 수 있다. 여행중엔 청포도를, 귀국길엔 건포
도를 잔뜩!

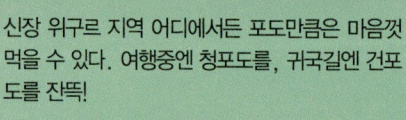

싶은데 하며 발을 동동 굴렀지만 국내 반입이 불가능하니 그저 열심히 뱃속에 집어넣는 수밖에.

투루판은 어딜 가든 말 그대로 포도가 지천에 널려 있다. 특히 시내에서 11킬로미터 정도 살짝 떨어진 곳에 있는 거대한 포도농원 포도구葡萄溝는 그 자체로 하나의 마을이라 해도 무리 없을 정도의 규모이다. 약 8킬로미터 가까이 이어지는 수로를 따라 포도밭이 길게 조성되어 있는데 대부분 씨가 없는 청포도들로 연간 6천 톤에 달하는 포도가 이곳에서 생산된다. 약간의 돈을 내면 싱싱한 포도를 무제한으로 따먹을 수도 있고, 포도밭뿐 아니라 상점과 식당도 곳곳에 꽤 많아 포도 넝쿨 아래에서 한가롭게 식사하는 즐거움도 누릴 수 있다.

한 식당의 야외 테이블에 자리를 잡고 앉아 간단히 라그멘과 채소볶음 등을 주문했다. 머리 위에도, 양옆에도 포도 넝쿨이 빼곡한데 미처 따지 못한 포도송이들이 그대로 매달린 채 쪼글쪼글 건포도가 되어간다. 아휴, 이 아까운 거! 하지만 이곳에선 발끝에 채일 정도로 흔하니 할 수 없지. 자연 건조된 건포도를 따서 입에 넣고 씹으니 무척 달다. 꽉꽉 눌러 응축한 듯한 단맛이다. 싱싱한 청포도는 한창 더운 여름이 제철이라 그때를 놓치면 가격도 비싸지고 맛도 떨어진다. 오히려 언제 먹어도 그 맛과 향이 고스란히 살아 있는 건포도가 나을지도 모른다. 그래, 이거라면 귀국길에 사 들고 갈 수도 있잖겠어?

포도구의 수많은 상점에선 다양한 건포도를 팔고 있다. 건포도가 다 똑같은 건포도지, 뭐가 다를까 했는데 얼핏 봐도 예닐곱 종류 이상이라 놀랐다. 포도구 안에서 재배되는 포도의 종류는 15가지 정도 된다고 하는데, 그것들로 만든 건포

도는 새끼손톱의 반절도 채 되지 않는 작은 크기에서부터 길이가 2센티미터 가까이 될 정도로 실한 것까지 다양하다. 작은 것은 입에 침이 쫙 돋을 정도로 신맛이 도드라지고, 큰 것에선 숙성된 진한 와인의 향기가 느껴진다. 쫄깃한 게 씹는 맛도 좋다. 한마디로 일품이다! 좋은 건 나눠 먹어야 맛이랬지. 이 명품 포도는 그 옛날 실크로드를 통해 머나먼 중원까지 전파되었다. 혼자 먼 길을 가면 심심하니까 오이와 깨, 호두 등도 함께였다고 한다.

눈과 입으로 실컷 포도를 맛보았으니 드디어 별렀던 곳, 화염산으로 간다. 이름만 들어도 끔찍스럽다. 화염이라니! 그렇잖아도 엄청나게 더운 투루판 분지에서 가장 더운 곳. 기록상 49.6도의 최고 기온을 자랑하는, 중국에서는 물론 세계 제1의 더운 지역이다. 한여름 대낮엔 평균 체감 기온이 60도를 넘나들 정도라니 이쯤 되면 산 이름 하나 잘 지었다 싶다. 소설『서유기』엔 삼장법사 일행이 이글이글 불타오르는 화염산을 오르는 장면이 등장한다. 뜨거운 불을 어떻게 끌까 고민하다 철선 공주에게 파초선을 빌려 펄럭펄럭 마흔아홉 번의 부채질로 비를 내리게 해 무사히 산을 넘어가는 내용이 있다. 소설이 세상에 나오기 전에는 이 산에 별다른 이름이 붙여지지 않았는데『서유기』를 통해 화염산이라는 멋진 이름이 생긴 것이라고 한다. 그러니 산 입구엔 당연한 듯 삼장법사 일행의 조각상이 서 있다. 차를 타고 화염산 쪽으로 서서히 접근했는데 멀리서 보니 풀 한 포기 없는 불그죽죽한 모래 산이 정말로 이글이글 타오르는 것만 같

다. 햇볕에 뜨겁게 달궈진 붉은색의 사암이 기세등등 하다. 이거야 원, 섣불리 해 가 쨍쨍할 때 돌아보다간 일 사병에 걸리기 딱 좋겠다. 실 제로 여름철엔 그런 사고가 무척 자주 일어난다고 한다. 미리 포도구를 비롯해 투루판 주변 구경을 하고 해가 서서히 저물 무렵 오길 잘했네. 붉은 사암 언덕을 오르락 내리락 하니 아직 채 가시지 않은 한낮의 열기가 훅 느껴지고 금세 땀이 흐른다.

이렇게 건조한 곳에서 어떻게 포도농사를 지을 생각을 했을까? 해답은 '카레즈.' 지금의 이란인 옛 페르시아에서 유래된 독특한 지하수로이다. 강수량은 부족한데 물은 필요하니 최대한 물의 증발을 막는 것이 포인트. 저 높은 톈샨의 만년설이 녹아서 생긴 깨끗한 물을 수로를 통해 이 낮은 투루판 분지까지 끌어내려야 하는데, 물이 지면 위를 흐르게 하면 강한 태양 볕에 금세 증발되고 말 테니 지하수로를 파 땅 밑으로 졸졸 흐르게 한 것이다. 이 지역에만 1천여 개에 달하는 카레즈를 모두 연결하면 약 5천 킬로미터에 달할 정도라니… 어휴, 굉장한 대공사다. 그만큼 엄청난 희생도 뒤따랐을 것이다. 땅속을 열심히 파서 물길을 만들어 놓은 다음 필요한 곳곳에 우물을 파 지하의 물을 퍼올려 사용한다. 그냥 천연 지하수를 써도 좋으련만 하고 생각하겠지만, 아쉽게도 이 지역의 지하수는 염분을 다량 함유하고 있어 식수로도 농업용수로도 사용할 수 없으니 톈산산맥의 만년설이 녹은 이 담수가 유일한 살길이란다.

투루판에는 수많은 카레즈의 물길 중 하나를 개방해 일반인에게 공

개한 카레즈 박물관이 있다. 2천 년이 넘은 역사를 가진, 그리고 현재도 사용 중인 지하 수로를 직접 눈으로 볼 수 있는 기회다. 졸졸 흐르는 맑은 물에 손가락을 살짝 담가 보았다. 몸서리가 쳐질 만큼 아주 차갑다. 투루판의 더운 날씨와는 상반되는 차가운 물. 수많은 희생과 힘든 과정을 거쳐 얻은 귀한 물이다. 투루판의 청포도들이 새삼 더욱 소중하게 느껴진다.

여행 내내 건포도를 입에 달고 다니다 귀국 길엔 우루무치의 백화점 식품 매장에서 깔끔하게 포장된 건포도를 잔뜩 사왔다. 씨알이 굵고 쫄깃하고 무척 달다. 다섯 봉지면 될까, 아니야, 열 봉지는 사야지. 에이, 사는 김에 스무 봉지쯤 사자 하며 계속 카트에 담았다. 그것들 다 어떻게 되었냐고요? 궁금하시다면 오른쪽 그림을 보시라!

'한 조각 하실라우?' 주황빛으로 잘 익은 하미과를 한 조각씩 잘라 파는 친절한 분.

꿀 같은 맛
하미과

'투루판의 포도'와 '하미의 과.' 위구르의 오래된 민요 가사 일부이다. 그렇지, 투루판의 청포도는 끝내주게 맛있었어. 그 상큼한 향기, 탱글탱글한 포도 알알이 가득한 과즙, 놀라운 단맛!

그럼 '하미의 과'라는 건 대체 뭘까? 역시 맛있는 과일일까? 얼마나 맛이 좋길래 민요에도 둘이 함께 쌍으로 등장하는 것일까? 하미과는 투루판의 청포도와 더불어 이 지역을 대표하는 과일로, 훌륭한 맛만큼이나 높은 몸값을 자랑하는 귀하신 몸이다.

하미과는 어지간한 수박보다도 더 크다. 혼자 한 덩어리를 사서 먹을 엄두가 나지 않을 정도다. 다행히 시장 입구나 광장 등 사람들이 많이 모이는 곳에는 손수레에 하미과를 비롯해 멜론, 수박 등을 싣고 와서 먹기 좋게 잘라 파는 노점상들이 꽤 있다. 혹은 한 손엔 과일, 다른 한 손엔 식칼을 들고 나타나 선 채로 후닥닥 과일을 잘라 팔고는 휙 사라지는 게릴라성 상인들도 있다. 어느 쪽이든 인기 만발. 햇볕은 뜨겁고 기후는 건조하니 과일의 당도가 무척 높아 어떤 것을 먹어도 실패할 확률이 낮다. 수

박은 수박 맛, 멜론은 멜론 맛, 익히 알고 있는 익숙한 맛이지만 당도만큼은 평소에 먹던 것과는 비교할 수 없을 만치 높다. 와, 달다 달아! 큼직한 조각 하나에 1위안, 바가지를 써도 2위안을 넘지 않는다. 워낙 싸니 부담 없이 몇 조각씩 집어 먹을 수 있어 신이 난다. 이왕이면 흔치 않은 과일을 많이 먹어봐야지. 그 맛있다는 하미과를 드디어 맛보는구나.

하미과는 겉모습은 얼추 멜론과 비슷한데 속살은 은은한 오렌지빛이라 신기하다. 아, 향기롭고 달큰한 이 맛! 멜론의 한 종류라지만 그보다 훨씬 더 상쾌하고 고급스러운 맛이다. 그저 단맛만 가득하다면 금세 질릴 텐데 수박이나 참외처럼 아삭아삭하니 씹는 맛이 좋아 계속 입으로 들어간다. 야 이거 끝내주네. 한 통 사서 집에 들고 갈 수 있다면 좋으련만. 주변을 둘러보니 다들 기다랗고 큼직하게 자른 하미과 조각을 손에 들고 우적우적 먹느라 정신이 없다. 먹고 남은 껍질은 그대로 땅바닥에 툭 던져버려, 과일 상인의 손수레 옆엔 하미과와 멜론, 수박 껍질이 수북하다. 어디 보자, 저 껍질 하나에 1위안이면 저게 다 얼마야. 과일 리어카 아저씨, 오늘 장사 대박이다.

하미과의 인기는 불야성을 이루는 야시장에서도 마찬가지. 한참 라그멘이며 양꼬치, 양 통구이 등을 먹고 있을라치면 그 틈을 비집고 들어와 쟁반 가득 썰어 담은 하미과를 들이대는 상인들도 무척 많다. 틈새시장이 별건가. 꼬치집 주인이 손사래를 치며 손님 귀찮게 하지 말고 저리 가라고 버럭 해도 눈 하나 꿈쩍 않는다. 누린내 나는 기름진 음식을 먹은 후의 입가심으론 그만한 것이 없으니 당연히 들이대는 족족 매진사례. 대단한 인기다.

하미과는 신장 위구르 자치구의 도시 하미哈密의 특산물이다. 딱히 명칭이 붙지 않은 채 생산되던 과일이었는데 워낙 맛이 좋다 보니 자연스레 유명해졌고, 17세기엔 청나라 황제에게 처음으로 바쳐졌다고 한다. 출세했네! 여차여차 한 조각 잡숫고 난 황제, 눈이 둥그레져선 "대체 이 맛있는 과일은 어디에서 난 것이냐"고 물었고, "하미에서 난 것입니다"라는 신하의 대답에서 그 이름이 유래되었단다. 어지간히 황제의 입맛을 홀린 듯, 이후 청나라가 멸망할 때까지 쭉 황실의 진상품으로 큰 사랑을 받은 귀한 몸이 되었다.

그런 이유에서일까? 중국의 서쪽 끝에 해당하는 지역의 특산물이다 보니 베이징을 비롯한 여타 도시에서 온 여행자들은 하미과를 한두 덩어리씩은 꼭꼭 사 들고서 집으로 돌아간다. 부럽다 부러워. 그렇지만 뭐, 할 수 없지. 뱃속에 가능한 한 많

이 넣어가는 수박에.

　　청포도와 하미과의 후광에 가려지긴 했지만 맛으론 절대 꿀리지 않는 과일들도 많다. 붉고 붉은 석류와 주먹보다 더 작은 배, 걸쭉하고 달콤한 무화과, 씨알이 자잘한 복숭아 등. 그중에서도 무화과의 인기는 굉장하다. 어슬렁어슬렁 시내 광장 쪽으로 걸어가는 길, 사람들이 오글오글 모여 뭔가를 하고 있다. 가까이 다가가 보니 다들 샛노란 금덩어리 같은 과일을 묵묵히 꿀떡꿀떡 씹어 삼킨다. 한 개, 두 개, 세 개, 네 개… 선 채로 끝없이 먹는 걸 보니 신기하다. 진한 노란빛의 둥글넓적한 과일, 처음 보는 거라 궁금한 마음에 하나 달라고 하니 넓적한 초록색 잎사귀 위에 떡 하니 올려준다. 덥석 베어 무니 이빨이 쑥 들어간다. 부드럽고 달다. 어, 이 맛은 무화과잖아? 어두운 자줏빛의 무화과만 먹어봤지 이런 금덩어리 같은 건 또 처음이다. 다들 한마디 말 없이 꿀떡꿀떡 먹기만 하는 이유를 알겠다. 한두 개 정도로는 성에 차지 않을 만큼 맛나니 그런 게지. 꽉꽉 눌러 농축한 듯한 꿀 같은 진한 맛과 향이 일품이다. 이 지역의 특산물이던 무화과는 실크로드를 따라 당나라까지 전해졌다고 한다.

　　그러고 보면 실크로드가 참 많은 것들을 전해주었다. 1300년 전 페

르시아(이란)에서 이곳으로, 그리고 다시 중국 전역으로 퍼진 아몬드도 그 중 하나. 신장 위구르 자치구에는 아몬드와 호두 같은 견과류가 매우 흔하고 저렴하다. 주로 톈산산맥 주변에서 재배하는데 당분 함유율이 높아 고소하면서도 달콤하다. 건조한 날씨가 과일 맛만 좋게 해주는 줄 알았는데 견과류에도 영향을 미친다니 신기하다. 위구르인들은 자기 전에 아몬드를 먹으면 나쁜 꿈을 꾸지 않는다고 믿었단다. 먹고 나서 이빨은 깨끗이 닦고 잤는지 괜히 궁금해지네.

양고기의 기름기와 누린내에 지쳐 여행 후반엔 과일로 끼니를 대신하곤 했다. 달콤한 하미과며 청포도, 무화과가 입에 착착 붙는다. 그런데 너무 과했나? 배가 살살 아프다. 꾸룩꾸룩 소리도 나는 게 어째 심상치 않다. 기별이 오는 족족 화장실을 들락날락하다 보니 어느새 다리가 후들후들. 하지만 한 점 후회 없다. 신장 위구르 자치구의 과일은 안 먹으면 손해. 정말 맛있다고요!

Malaysia

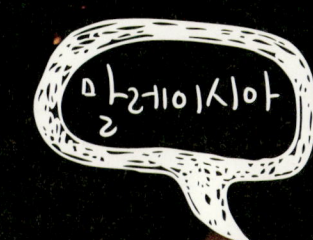
말레이시아

아무리 머리를 쥐어짜 봐도 여행 일정이 빠
듯하다 싶을 때, 그리고 무엇보다 주머니
사정이 그다지 좋지 않을 때는 으레 동남아
어디쯤으로 더듬이를 스윽 뻗어보게 된다.
일단 비행기를 타면 예닐곱 시간 안에 도착
할 수 있고 숙박비며 교통비, 식비도 저렴
한 편이니, 얼마나 좋아. 역시 동남아가 최
고다. 그럼 어디가 좋을까? 대뜸 머릿속
에 떠오르는 곳은 이미 잘 알려진 유명한
여행지들. 태국에 가서 방콕 시내 구경도
하고 섬에 놀러 가 수영도 할까? 베트남도
좋다던데, 쌀국수랑 월남쌈이 맛있겠지? 앙
코르와트가 또 그렇게 멋지다던데 이참에
캄보디아에 한번 가봐? 후다닥 주말여행으
론 싱가포르도 괜찮다던데 그럼 거기로?
지도를 들여다보며 이곳저곳을 콕콕 찔러
보다 말레이시아 앞에서 갑자기 말문이 막
힌다. 말레이시아라, 거긴 뭐가 있지? 이런,
딱히 떠오르는 게 없다. 그러고 보니 정말
이네, 아직 아는 게 없어. 궁금해! 가보고
싶어! 일단 발동이 걸리면 그다음부터는 일
사천리. 제일 저렴한 항공편을 검색해 예약
하고 서점으로 달려가 안내책자들을 후다
닥 훑어보다 한 권 고른다. 좋았어, 가는 거
야! 인천공항에서 말레이시아의 수도 쿠알
라룸푸르까지는 약 여섯 시간. 두근대며 날
아가 보자!

호커 센터의 나시 레막 전문점. 일단 접시에 담은 후 다시 포장지에 옮겨 착착 접는다.

밥에서
코코넛 향기가?

굿 모닝! 셀라맛 파기Selamat pagi! 하루 세 끼 모두 소중하지만 에너지의 원천은 누가 뭐래도 아침밥이다. 눈을 뜨자마자 배에서 꼬르륵 소리가 난다. 어서어서 밖으로 나가 맛있는 아침 식사를 해야지. 숙소의 조식 뷔페도 나쁘지 않지만 이왕이면 이 동네 사람들이 먹는 바로 그 음식을 먹어보고 싶다. 여행지마다 특유의 아침 식사 문화가 있으니 어설프게나마 비교해 보는 즐거움도 크다. "그들과 같은 것을 먹고 같은 똥을 싸기." 이것은 내 여행의 몇 안 되는 원칙 중 하나다.

말레이시아의 식당에서 온종일 제일 흔하게 볼 수 있는 음식은 뭐니 뭐니 해도 밥과 국수이다. 익숙하고 친근한 음식. 이건 아침 식사 때도 크게 다르지 않다. 그중에서도 가장 대표적인 것이 '나시 레막'이다. 나시는 쌀을 뜻하고 레막은 기름, 지방 성분을 뜻하는데 슈퍼마켓의 유제품 판매대에 가면 무지방 요거트 병에 '0% lemak'이라고 쓰여 있는 것을 확인할 수 있다. 잠깐, 그럼 나시 레막이라는 건 기름을 넣어 지은 밥이라는 거야? 설마 식용유를 들이붓는 건 아니겠지? 아침부터 너무 느끼한 걸 먹을

자신은 별로 없는데 걱정이네. 그런데 막상 나시 레막을 먹어보니 어휴, 다행히 내 예상은 빗나갔다. 지방 함량이 높은 코코넛 밀크를 넣어 지은 쌀밥이라 윤기가 자르르 돌기 때문에 그런 이름을 붙인 것. 코코넛 밀크 특유의 향긋하고 꼬릿한 냄새가 밥에서 폴폴 나는 게 참 좋다. 잘게 다진 양파 조금과 소금, 설탕을 넣어 간을 해 밥을 지었는데, 이대로도 아주 맛있지만 생강 뿌리도 한 조각 잘라 넣어 밥을 하면 알싸한 맛과 향이 더해져 금상첨화다. 추가로 달콤한 향내가 폴폴 풍기는 판단Pandan잎까지 넣으면 그야말로 화룡점정, 맛의 마침표를 꾹 눌러 찍는 셈이다… 라고 글을 쓰다 보니(침을 닦으며) 아우 침 넘어가네.

그럼 요 하얀 쌀밥을 그냥 먹느냐, 그럴 리가 있나요. 간간한 반찬이 있어야지. 바작바작하게 튀기듯이 볶은 멸치와 고소한 땅콩볶음, 계란 프라이와 오이 조금, 그리고 삼발 소스를 곁들인다. 뭐야, 엄청나게 소박하다 못해 평범하다. 버릇처럼 약속처럼 매일 아침마다 먹는 식사란 이렇게 단순하지만 그런 만큼 쉽게 질리지 않는 것이다. 한입 먹어볼까? 바람이 불면 폴폴 날아갈 듯한 길쭉하고 찰기 없는 쌀밥에 멸치볶음과 땅콩볶음을 얹어 먹는다. 코코넛 밀크의 향내만 빼면 익숙한 그 맛, 딱 도시락 반

찬이다.

　이번에는 삼발 소스에 밥을 살살 비벼 한 입. 뭔가 자잘한 건더기가 섞인 짙은 빨간색의 걸쭉한 소스라 생긴 것만 봐서는 볶음 고추장인가 싶은데 과연 맛은 어떨까? 예상대로 꽤 매콤 짭짤한데 아주 작은 크기의 새우가 아작아작 씹히는 게 재미나다. 하지만 고추장이나 된장 같은 발효장류 특유의 냄새는 강하게 나지 않는다. 요 삼발 소스는 말레이시아뿐 아니라 옆 나라인 인도네시아와 싱가포르에서도 두루두루 먹는단다. 나시 레막뿐 아니라 이런저런 고기며 채소 볶음 요리, 꼬치구이 등의 양념으로 무척 폭넓게 쓰여, 여행하다 보면 절로 이 맛에 익숙해지게 된다. 귀국하기 전에 슈퍼마켓에 들러 한 병 사갈까? 재료 몇 가지만 준비하면 직접 만들 수도 있겠는데? 작은 크기의 빨간 고추(요게 아주 맵다)와 후추 등의 알알한 향신료를 돌절구나 맷돌을 이용해 거칠게 빻은 후 양파와 민트잎, 마늘을 다져 넣고 튀긴 새우와 식초, 소금 등으로 마무리하면 삼발 소스가 완성된다. 아작아작 씹히는 튀긴 새우 대신 새우젓(우리나라의 새우젓보다 덜 짜다)을 넣어 감칠맛을 더하기도 한다. 집집마다 된장과 고추장 맛이 조금씩 다르듯 말레이시아에서도 삼발 소스의 재료와 맛은 조금씩 차이가 있나보다. 어쨌든 빨간 색깔이며 매운맛이며, 괜히 친숙한 느낌이 든다. 이곳 사람들에게 고추장을 맛보여주면 어떤 반응을 보일까?

　평범하지만 대표적인 아침 식사 메뉴인 나시 레막은 거의 모든 말레

이시아 식당에서 판매하는 음식이다. 심지어 KFC에서도 아침 메뉴로 내놓을 정도이니 이쯤 되면 국민 아침밥이라고 해도 되겠지? 식당마다 조금씩 가격 차이는 있지만 음식 구성은 거기서 거기. 고급스러운 곳에서든 길거리 노점에서든 거의 같은 나시 레막을 먹게 되는 셈이다.

이른 아침, 고만고만한 노점들이 촘촘히 입점해 있는 길거리 푸드코트인 호커 센터 Hawker Center에 가면 출근길에 잠시 들러 후닥닥 아침 식사를 하는 사람들을 잔뜩 보게 된다. 그래, 아무리 바빠도 아침은 먹어야지. 먹고 살자고 하는 일인걸. 하지만 정말 바쁜 사람들은 그나마도 편히 앉아 먹지 못하고 포장해서 들고 간다. "나시 레막 붕쿠스 Nasi lemak bungkus(나시 레막 포장해주세요)!"라고 외치면 접시 위에 넓적한 초록색 바나나 잎을 한 장 올린 후 그 위에 나시 레막을 담고 다시 종이로 쓱쓱 싸서 비닐봉지에 넣어준다. 바나나 잎daun pisang은 말하자면 천연의 일회용 접시인 셈. 시장에 가면 쓰기 좋게 네모난 모양으로 잘라 묶어 놓은 걸 아주 싸게 살수 있다. 음식을 포장해갈 때뿐 아니라 먹고 갈 때도 바나나 잎에 담아 줄때가 종종 있는데 왠지 더욱 이국적인 느낌이라 기분이 삼삼하다. 나시 레막을 오물오물 먹고 있는 내 옆에서 국수를 후루룩 잡숫던 아저씨 왈,

식사 후 바나나 잎을 몸 안쪽으로 접어놓으면 맛있었다는 뜻이고 몸 바깥쪽으로 접어놓으면 맛없었다는 뜻이란다. 요즘 젊은 사람들은 그런 것 신경 쓰지 않는다지만, 그래도 잘못하면 밥 잘 먹고선 머리채 잡고 싸우겠네. 조심해야지.

나시 레막은 주문하는 즉시 만들기도 하지만 미리 바나나 잎과 종이로 포장해 놓은 것을 팔기도 한다. 마치 편의점 삼각 김밥처럼 공장에서 대량 생산한 것을 가져오는 것인데 호커 센터의 테이블 위에 으레 놓여 있어 따로 주문할 필요 없이 그냥 자리에 앉아 포장을 풀고 먹으면 된다. 생산 회사명이 인쇄된 본격적인 포장지를 보니 이거 정말로 삼각김밥 같다는 생각이 든다. 하나 먹어볼까? 쓱쓱 풀어보니 코코넛 밀크를 넣은 쌀밥에 멸치와 땅콩볶음, 오이와 삼발 소스까지 그대로다. 계란 프라이 대신 얇게 부친 계란 지단이 들어갔다는 차이 정도? 요 포장된 나시 레막 하나에 2링깃(약 800원 정도)을 넘지 않으니 두 개, 아니 세 개를 먹어도 지갑에 전혀 부담이 없다. 앗싸! 그럼 다른 '삼각김밥'도 먹어봐야지.

나시 레막뿐 아니라 물기 없는 비빔국수나 볶음국수도 똑같은 형태로 포장해 놓았다. 아주 가느다란 쌀국수에 달그작작하고 새콤한 칠리소스와 어묵, 아삭거리는 생숙주 등이 들어 있어 쓱쓱 버무려 먹으면 된다. 맛있다 맛있어, 게다가 싸잖아. 최고다! 소박하면서도 완벽한 아침 식사야… 라고 생각하며 코를 박고 음식에 심취하는 나에게 조금 전 바나나 잎의 사용법을 알려준 아저씨가 한마디 충고를 한다. "아가씨, 나시 레막을 너무 많이 먹으면 금방 졸리기도 하고 살도 찔 거야." 뜨끔하다. 하기야, 쌀밥에 코코넛 밀크까지 듬뿍이니 열량이 높겠지. 그렇지만 입에 착착 붙어 숟가락을 내려놓기 싫은데 이를 어쩐다.

시장 골목에서 만난 락사집. 이모님, 제 카리 락사엔 국물 좀 넉넉히 주세요!

얼큰한 국물이
땡기는구먼

　대체 언제부터 국수를, 특히 얼큰하고 뜨끈한 국물에 말아놓은 것을 좋아하게 되었을까? 어릴 적엔 맵고 뜨거운 음식이라면 무조건 싫어했더 랬다. 어릴 적이라고 했지만 사실 대학교를 졸업할 때까지도 입맛은 그대 로라 달달한 것, 입에 착착 붙는 것만 찾아 먹었는데 언젠가부터 아침이 고 저녁이고 여름이고 겨울이고 간에 땀 뻘뻘 흘리며 국물을 들이켠 다음 식탁 위에 그릇을 탁 내려놓으며 아저씨 마냥 "으흐흐" 소리를 내게 되었 다. 거참 신기하네.

　김치 같은 매운 음식이 없어도 살 수 있다던 철없는 나에게 부모님께 선 좀 더 나이가 들면 입맛이 바뀔 거라 하셨는데 그게 정말인가 보다. 여 하튼 덥고도 더운 나라 말레이시아에서도 어김없이 국물 찰랑대는 뜨거 운 국수를 한 그릇 받아 드니 마냥 반갑다. 이름 하여 '락사'다! 얼큰, 알 알, 매콤한 뜨거운 국물이 가득. 국숫발도 국숫발이지만 우선 국물부터 급히 한 모금 호로록 마신다. 나도 모르게 으흐흐 소리가 또 절로 나오는 걸 보니 어이고야, 나이를 먹은 거구먼.

모양만 봐선 혹시 짬뽕 비슷한 음식인가 싶은 요 락사는 말레이시아와 중국 음식문화의 혼합물이다. 옛날 옛적, 중국 명나라의 공주가 말라카(쿠알라룸푸르 근교 도시)의 술탄에게 시집을 오게 되었더랬다. 명색이 공주님인데 몸만 달랑 왔으려고. 다양한 복식, 미술품 등과 더불어 뛰어난 요리사들도 함께 말라카에 도착했고 이후 여차여차하여 기존의 말레이시아 음식문화와 중국 음식문화가 섞여 독특한 먹을거리가 많이 탄생한 것이다. 공주님, 감사합니다! 그렇게 생겨난 맛있는 음식들은 수도 없이 많지만 그중에서도 말레이시아 전국 방방곡곡으로 퍼져 나갔을 뿐 아니라 싱가포르와 인도네시아 등에도 자리를 잡았을 정도로 크게 히트를 한 것이 바로 락사. 우리나라도 지역마다 냉면 스타일이 다르고 일본 역시 방방곡곡마다 우동 스타일이 다르듯 말레이시아의 락사 역시 동네별로 조금씩 차이가 있다. 하지만 결론은 하나, 다 맛있다는 것!

가만히 있어도 땀이 줄줄 흐르는 더운 곳에서 굳이 이 뜨거운 국수를 먹어야 하는 이유가 뭐겠는가? 맛있으니까 그런 거지. 입술이 빨갛게 부어 얼얼해질 때까지 먹고 먹고 또 먹는다. 그런 다음 매운 입과 속을 달래기 위해 시원한 음료나 차가운 빙수를 한 그릇 먹으면 여행의 적, 변비가 한방에 해소된다. 추천할 만한 건 아니지만(어머니에게 야단맞기 딱 좋다) 나에겐 참으로 유용했던 방법이다.

락사의 종류가 다양하다고 이야기했지만 그래도 크게 두 가지로 나눌 수 있다. 우선 '아삼 락사.' 아삼asam or assam은 신맛을 뜻한다. 락사가 아니더라도 식당 메뉴판이라던가 마트에서 장을 보다가 요 아삼이라는 단어를 발견하면 신맛이 나는 음식인가보다라고 생각하면 맞다. 생선 뼈와 살을 넣고 푹푹 끓여 우려낸 육수를 사용하는데, 다양한 생 허브와 향신료가 들어가 비린내는 전혀 나지 않고 대신 아삼 락사의 특징인 신맛이 입안에 확 퍼진다. 요 시큼 새콤한 맛은 타마린드tamarind 나무의 열매에서 나는 것인데, 태국의 볶음국수인 팟타이 등에도 넉넉히 들어가는 등 동남아시아 음식에 두루 쓰이는 향신료이다. 요 타마린드 열매가 빠지면 아삼 락사가 아니라고 해도 될 정도로 중요한 재료. 이 시고 맵고 뜨거운 국물에 국수를 말고 위에는 오이를 채 썬 것과(사각사각하고 시원한 게 뜻밖에 잘 어울린다) 채친 양배추, 파인애플과 양파 등을 고명으로 얹는다. 잠깐, 침 좀 닦고….

그럼 또 하나의 대표적인 락사는? 바로 '카리 락사.' 말레이시아 사람들은 커리curry를 카리kari라고 한다. 아삼 락사가 생선 육수로 만드는 것이라면 카리 락사는 닭 육수를 사용한다는 것이 특징. 고소한 닭 육수에 코코넛 밀크를 넉넉히 넣고 커리용 향신료를 솔솔 풀어 만든 국물이다. 일본 음식인 카레 우동의 말레이시아 버전이랄까? 꽤 맵고 뜨겁지만 코코넛 밀크 덕분에 부드럽게 중화되고 냄새도 무척 향기로워진다. 코코넛 밀크는 그 외에도 다양한 음식에 두루두루 조미료 격으로 쓰여 말레이시아 음식 특유의 풍미를 내준다. 국수 위에는 얇은 유부 피와 생선살, 새우 등을 고명으로 올리는데 아삼 락사에 비해 고명이 적어 소박해 보이기도 한다.

하지만 맛은 두 가지 락사 모두 우열을 가리기 어려울 만치 좋다. 한

그릇에 2천 원이 채 되지 않는 가격도 매력적이다. 에잇, 나 두 그릇 다 먹을 거야! 하나는 굵직한 국수로, 다른 하나는 가느다란 국수로 만들어 달라야지. 전자의 국수는 미mee라고 하는 노르스름한 색의 밀가루 국수이다. 짬뽕 면발과 우동 면발의 중간쯤이랄까? 쫄깃하고 굵직해 후룩후룩 빨아들이며 먹는 맛이 좋다. 후자의 국수는 미훈mee hoon. 요건 쌀로 만든 아주 가느다란 국수이다. 락사를 주문할 때 미나 미훈 중에서 고를 수 있는데, 개인적으론 굵직한 미의 면발이 얼큰하고 매콤한 락사의 국물과 더 잘 어울린다는 생각이다.

맵고 뜨거운 락사 대신 다른 국수는 없을까? 달달한 맛을 좋아한다면 '지창편'도 괜찮겠다. 중국 광저우에서 전해진 음식으로, 무척 인기 있는 딤섬 메뉴이기도 하다. 말레이시아가 아니더라도 홍콩 등을 여행하다 보면 하얗고 얇은 쌀떡 같은 것 속에 통새우나 고기, 채소 등을 넣고 둘둘 말아 위에 달달한 간장 소스를 휘휘 뿌려주는 요 지창편을 먹을 기회가 많다. 말레이시아의 지창편은 속 재료 없이 쫄깃한 쌀 껍데기만 칼로 썰어서 국수처럼 먹는 음식이다. 이름의 '편'은 국수를 뜻하고 '지창'은 돼지 내장을 뜻하는데 쫄깃하면서도 후들후들하게 생긴 게 꼭 돼지 내장 같아 그런 이름이 붙은 것일 뿐

재료는 돼지와 전혀 상관이 없다.

멥쌀가루와 찹쌀가루를 반반 섞은 것에 물을 넉넉히 넣어 묽은 반죽을 만든 후 큼직하고 네모지게 틀을 짠 대나무 찜기 위에 젖은 무명천을 쫙 펴올린 다음 요 반죽을 그 위에 부어 얇게 펴고서 뚜껑을 덮어 가볍게 쪄낸다. 다 익으면 칼로 쓱쓱 그어 자른 후에 각각의 조각을 돌돌 말아낸다. 멥쌀의 담백함과 찹쌀의 쫀득함이 만난 결과물이다. 겉보기엔 별것 아닌 듯한 허옇고 심심한 이 국수에(혹은 얇은 떡이라 해야 할까?) 달달한 호이신소스(베트남 쌀국수집의 그 까만색 소스)와 매콤한 칠리소스를 적당히 뿌려주고 어묵 경단과 유부 등의 고명을 얹어 젓가락으로 쓱쓱 휘저어 섞어 먹으니 꿀떡꿀떡 넘어간다. 요거 괜찮네!

그다지 양이 많지 않은 지창펀은 길거리의 호커 센터나 커피집에서 가볍게 간식처럼 한 그릇 하기 좋다. 그럼 코피티암kopitiam으로 가볼까? 말레이시아의 전통 다방인 코피티암에선 커피, 차와 더불어 간단한 식사도 할 수 있다. '저 외국인 아가씨가 글쎄 지창펀을 주문하네, 저거 먹을 줄이나 아나?' 하는 눈빛으로 수군대는 걸 느끼며 한 젓가락 들어 후루룩 빨아들이니 달콤하고 쫄깃하고 살짝 매콤한 게 계속 쭉쭉 들어간다. 에헴, 저 잘 먹죠? 엄지손가락을 들어 올리며 보란 듯이 씩 웃어 보이니 다들 박장대소한다. 지창펀도, 연유가 듬뿍 들어간 말레이시아식 커피도 가게 주인아저씨가 모두 사주시겠단다. 아니, 이런 행운이!

거품이 보글보글~ 오늘 아침도 달콤한 떼 따릭으로 시작이다.

마성의 음료에
중독되었어요

나시 레막이 말레이시아의 국민 아침밥이라면 '떼 따릭'은 국민 음료다. 이렇게 쓰고 나니 꽤 거창한 듯한데, 그만큼 말레이시아인들에게 두루두루 큰 사랑을 받고 있다는 이야기다. 나시 레막이 그렇듯 떼 따릭 역시 어디에서나 아주 저렴한 가격으로 쉽게 마실 수 있다. 한 잔에 우리 돈 600원 남짓이니, 딱 좋네 좋아! 여기 한 잔 맛있게 만들어 주세요!

떼 따릭을 만들기 위해선 한 개의 찻주전자와 두 개의 컵이 필요하다. 일단 찻주전자에 끓는 물을 붓고 홍찻잎을 듬뿍 넣어 진한 차를 우려낸 다음 기다란 천으로 된 거름망을 이용해 찻잎을 걸러내어 첫 번째 컵에 부어준다. 요 거름망은 깜짝 놀랄 만큼 길다. 처음 본 순간 소 혓바닥인가 싶었을 정도다. 다 걸러내고 나면 다시 찻주전자에 붓고, 또다시 거름망을 이용해 걸러내기를 수차례 반복한다. 대체 뭐하는 거야? 여하튼 그렇게 정신없이 찻물을 잡아 뽑듯 우려내는 사이에 차는 점점 더 시커멓게 진해지며 마시기 좋은 정도로 식는다. 이쯤 되었다 싶으면 차가 가득한 컵에 연유와 설탕을 적당히 넣어 휘젓고 새로이 컵 하나를 더 꺼내 그

안에 붓는다. 그리고는 다시 두 컵 사이를 오가며 붓고 또 붓기를 반복. 어휴 정신 사나워! 그렇게 긴 과정을 거쳐 완성된 떼 따릭 윗부분엔 거품이 보글보글 그득하다.

영어로 된 여행 안내책자에선 떼 따릭에 대해 '잡아당겨 만든 차pulled tea'라는 표현을 써 놓았던데, 만드는 모습을 직접 보니 그런 이름이 붙은 이유가 이해된다. 이 모든 과정은 양팔을 얼굴 높이로 올려 든 채 이루어지는데 길거리 노점상이나 호커 센터 같은 곳에서 떼 따릭을 주문하면 만드는 과정을 옆에서 구경할 수 있어 무척 흥미진진하다. 절로 카메라 셔터가 팍팍 눌러지는 멋진 순간이다. 쇼맨십이 좋은 사람을 만나면 자세한 설명까지 들을 수 있으니 금상첨화. 그러고 보면 말레이시아 사람들, 참 친절하단 말이야.

한 입 마셔볼까? 뜨겁지 않을까 조심스레 호로록 들이켰는데 딱 마시기 좋게 식어 있다. 아주 진하고(그렇게 오랜 시간 우려냈으니) 달콤 향긋한 밀크 티. 우유 대신 연유가 들어가 맛이 색다르다. 그러고 보면 우리나라 음식엔 딱히 연유를 사용하는 일이 거의 없다. 그래 봤자 팥빙수에 살짝 끼얹는 정도이지만 그나마도 우리식이라고 할 수 있을지 의문. 말레이시아에선 떼 따릭과 커피에 연유를 듬뿍듬뿍 넣는데, 슈퍼마켓에 가면 대충 봐도 열댓 가지 이상의 브랜드의 연유들이 넓은 매대를 가득 채우고 있는 것을 볼 수 있다. 400mL가 채 되지 않는 자그마한 깡통이다. 저지방, 무지방, 나름 비타민을 강화했다는 것도 있는데 사실 그래 봤자 연유가 연유지 뭐. 그나저나 이런 노점에서는 하루에 대체 몇 캔이나

소비할는지 궁금하네… 라고 중얼거리며 호록 호록 마시다 보니 어느새 큼직한 유리잔이 그 바닥을 드러낸다.

　　여행 첫날 아침에 잠을 깨기 위해 시험 삼아 한 잔 마셔 보았다가 눈이 번쩍, 제대로 발동이 걸려 귀국하기 직전까지 하루에 두어 잔씩 꼭꼭 챙겨 마신 중독성 강한 달콤 향긋한 떼 따릭. 한 잔 시원하게 비우고 지폐를 건넨 후 거스름돈을 받으려는데, 노점 주인아주머니가 설거지를 하던 중이라 오른손이 물에 젖어 있어 왼손으로 돈을 주게 되어 미안하다며 사과하신다. 말레이시아에선 오른손으로만 돈을 주고받는 관습이 있는 것이다. 새로운 것 하나 배웠네.

　　이번엔 커피를 마셔볼 차례다. 호커 센

Coffee

터를 갈까, 아니면 코피티암을 갈까? 전자는 노점들을 한곳에 모아 놓은 야외 푸드코트이고 후자는 말레이시아의 전통 다방인데 항상 문을 활짝 열어놓은 채 길바닥에 테이블을 놓고 영업을 하니 호커 센터와 크게 다르지 않은 분위기이니, 결론은 내키는 대로 아무 데나 가기! 어디에서든 커피나 차 같은 음료와 토스트, 삶은 달걀(테이블 위에 놓여 있어 자유롭게 까먹을 수 있다) 정도로 간단한 요기를 할 수 있다.

커피를 주문하면 "코피, 아니면 코피오?" 하고 묻는데 '코피'는 커피에 연유와 설탕을 넣은 것이고 '코피오'는 설탕만 넣은 것. 그냥 블랙커피를 내어 주면 내가 알아서 이것저것 섞어 간을 하련만 말레이시아에선 주방에서 완성품을 내주는 것이 일반적인 모양이다. 그럼 설탕만 넣은 코피오 한 잔 주세요! 킁킁 맡아 보니 향이 아주 강한데, 보통 생각하는 원두커피의 향이 아니라 뽑기 사탕처럼 설탕을 태운 것 같은 매캐한 냄새다. 그럼 맛은? 냄새처럼 뭔가를 태운 맛이 확 나고 무척 씁쓸하다. 설탕을 듬뿍 넣었지만 여전히 쓴, 아주 진한 커피다. 설탕만 넣은 시커먼 코피오보다 연유까지 넣은 코피가 더 인기 있는 이유를 알겠다. 넣을 걸 다 넣어야 마실 만하게 된다.

이렇게 쓰니 꼭 말레이시아의 커피맛을 홍보

는 것 같은데, 사실 홍보는 것 맞다. 하지만 그 쓴맛 덕에 달콤 바삭한 카야 토스트와 찰떡궁합인 것 역시 부정할 수 없다. 이제는 우리나라에서도 어렵지 않게 맛볼 수 있는 '카야'는 날달걀이나 오리알을 휘휘 저어 거품을 낸 다음 코코넛 밀크와 설탕을 듬뿍 넣고 약한 불에 올려 세월아 네월아 계속 저어가며 뭉근하게 끓여 만드는 음식이다. 크림 같기도, 잼 같기도 한 부드러운 형태인데 재료만 봐도 쉽게 추측할 수 있듯 무척 달콤 고소하고 느끼한 맛이다. 어찌나 입에 착착 붙는지 이런 거라면 실컷 먹고 포동포동 살찌겠다며 기꺼이 항복하고 싶어진다.

그 옛날 식민지 시대, 무력을 앞세워 중국 남부와 동남아시아로 밀고 들어온 영국인들은 오후의 티 타임 때마다 홍차와 토스트를 먹곤 했는데 본국에서 가져온 영국식 과일 잼이 떨어지자 아쉬운 대로 시험 삼아 이 지역의 전통 잼(크림)인 카야를 바삭한 토스트에 쓱쓱 발라먹어 보았다고. 결과는? 그야말로 최고의 맛! 그전에는 카야를 주로 찹쌀로 만든 말레이시아 전통 디저트에 얹어 먹었지만 이렇게 토스트에 발라먹는 방식이 큰 인기를 얻게 되면서 말레이시아와 싱가포르 전역에 널리 퍼지게 된 것이다. 우리나라에도 요 카야 토스트를 파는 카페가 몇 군데 있다.

그나저나 이놈의 코피오, 정말 진하고 쓰네! 말레이시아에선 옛날부터 가격 문제 등의 이유 때문에 고급 원두인 아라비카종 대신 상대적으로 맛과 향이 거친 로부스타종을 주로 먹어왔다고 한다. 아무래도 맛이 좀 부족하니 어떻게든 보충하고자 원두를 볶을 때 약간의 설탕과 마가린을 넣어 함께 달달 볶기 시작했는데, 그 과정에서 설탕이 캐러멜화되면서 고유의 풍미를 내게 된단다. 이렇게 완성된 원두로 만든 커피는 일반적인 아라비카 원두커피보다 색이 좀 연한 편이라 '화이트 커피'라는 별명으로 불렸는데 지금은 어느새 그 말이 말레이시아의 커피를 뜻하는 하나의 고유명사가 되었다. 심지어 '올드타운 화이트 커피Old Town White Coffee'

라는 전국적인 코피티암 체인이 있을 정도다. 대부분의 개인 코피티암은 규모가 작고 내부도 소박하지만, 개중엔 이렇게 성공한 곳도 있어 스타벅스만큼의, 아니 그 이상의 인기를 누리고 있다. 말레이시아의 전통 음료와 식사까지 한 자리에서 할 수 있으니 이왕이면 글로벌 커피 체인점보단 이쪽으로 샤샤샥.

이나라 마트엔

덜 달고

뭔 연유가 이리 많으냐~

묽습니다

캬♡

소 헛바닥 같은 거름망이 없으니까

말레이시아에선 떼따릭 원샷~
우리나라에선 아이스밀크티로 대신해보아요~

① 냄비에다 물은 쬐끔, 홍차잎 듬뿍! 팔팔 끓이자

HONEY

② 꿀 한숟갈 넣고 잘 녹여줌

Milk

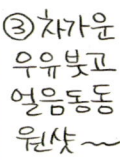

③ 차가운 우유 붓고 얼음동동 원샷~

MILK

포인트는 물 쬐끔! 찬 우유!!

안 그러면 맹탕

치킨 라이스의 찹쌀밥 경단. 만만해 보이지만 힘 조절을 잘해야 맛있게 빚어진다고 하네요.

말라카에선
노냐 음식을

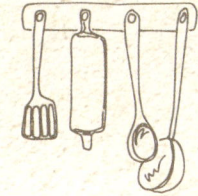

붉은색의 유럽풍 건물들이 오밀조밀 들어찬 광장, 고풍스러운 중국풍 옛집들이 속속들이 들어찬 작은 골목들. 한 도시 안에서 이다지도 다른 모습이라니 묘하고도 매력적인 대비다. 이곳은 말레이 반도 서쪽에 있는 귀여운 소도시 말라카Malacca.

아니, 버젓한 도시를 두고 '귀엽다'는 표현이 웬 말이냐고? 하지만 정말로 그런 느낌을 폴폴 풍기는 곳인걸 어쩌랴. 이른 시간부터 서두른다면 수도 쿠알라룸푸르에서 출발해 당일치기로도 충분히 구경할 수 있을 만치 아담한 도시이지만, 한편으론 하염없이 머물며 게으름을 피우고만 싶어지는 매력만점의 장소이기도 하다. 실제로 나는 말레이시아 여행 일정의 절반을 이곳 말라카에서 뒹굴며 보내기도 했다. 덕분에 스케줄은 좀 꼬였지만, 그만치 좋았으니 후회 없다고요. 낙장불입!

말레이시아의 수도 쿠알라룸푸르에서 버스를 타고 2시간 정도를 달려가면 말라카 버스 터미널에 도착한다. 여기서 다시 시내버스로 갈아타면 금세 마을 중심부의 아담한 광장이 나오는데 사람들이 다들 무척 친절

해 앞다퉈 내릴 곳을 알려준다. 저렴한 게스트하우스에 짐 가방을 내려놓은 후 지갑만 달랑 들고 식사를 하러 나왔는데, 오, 뭔가 느낌이 좋다! 허름해 보이는 식당 앞에 적지 않은 사람들이 줄을 서 있는 것이다. 이럴 땐 말이 필요 없지. 잽싸게 합류해 순서를 기다리니 다행히 곧 자리가 났다. 사방 테이블들을 재빨리 훑어보니 다들 똑같은 음식을 먹고 있어 망설임 없이 주문. 야들야들하게 푹 삶은 닭 한 마리를 통째로 두툼한 나무 도마 위에 올린 후 커다랗고 네모진 식칼로 쿵쿵 때려 조각을 낸 다음 살점 부분을 발라내 한입 크기로 썰어 접시에 담아준다.

사각사각한 오이와 날 양파를 얇게 썬 것도 함께 담고 그 위에 두어 가지의 소스를 번갈아 뿌리는데, 받아들어 맛을 보니 참기름과 간장이다. 흔히 먹는 닭백숙과는 좀 다른 풍미와 질감의 닭고기는 맹물이 아니라 돼지 뼈와 닭 뼈로 낸 육수에 삶는 거란다. 요 촉촉하게 삶은 닭 고깃점과 함께 나오는 것은 골프공 크기의 찰밥 경단들. 닭 국물에 익힌 찹쌀밥을 동글동글하게 빚은 것인데 마늘 향기도 솔솔 나는 게 삼계탕의 찹쌀밥을 먹는 듯 친근한 느낌이 든다. 야들야들한 닭고기(어쩌면 이렇게 잘 삶았지?)와 찰밥 경단은 따로 담아주는 빨간색의 소스에 콕 찍어 먹는데, 요 소스가 또 아주 별미라 "어머 어머" 하고 감탄하며 순식간에 접시를 싹 비웠다. 매콤새콤한 게 어쩜 이렇게 개운해? 붉은 고추에다 생강을 살짝 넣고 라임 즙을 듬뿍 짜 넣은 소스다. 어이구, 정말 맛있네. "이 음식 이름이 뭐라고요? 치킨 라이스 볼 Chicken rice balls?" 달러 빚을 내어서라도 국내 도입을 하고 싶은 맛이라며 호들갑을 떨었다. 주책없긴 하지만 정말 그럴 만

했다니까요. 궁금하면 잡숴봐! 치킨 라이스 볼의 정식 이름은 '하이난 치킨 라이스'다. 중국 남부 하이난의 음식과 말레이시아, 싱가포르의 음식문화가 섞여 탄생한 것으로, 한마디로 퓨전, 짬뽕이다. 하기야 완벽하게 고립된 지역이 아니고서야 이웃 지역과 서로 영향을 주고받는 건 당연하겠지.

　그런데 말라카의 중국풍 음식들에겐 나름의 사연이 있다. 앞서 말했듯 옛날 옛적 이 지역이 말라카 왕국이었을 시절, 명나라 공주가 이 지역의 술탄(말라카 왕국은 이슬람교를 국교로 받아들였다)에게 시집을 오면서 다양한 문화도 함께 유입되었던 것. 먼 길 떠나게 된 공주가 친정집에서 온갖 좋은 것들을 바리바리 챙겨온 모양이다. 이 중국 여인과 말레이 남성의 역사적인 첫 만남 이후 두 민족 사이에는 수많은 자손이 생겼는데 그들을 바바노냐 Baba-Nyonya 라고 지칭한다. '바바'는 남자를, '노냐'는 여자를 뜻하는 말이다. 이곳 말라카엔 바바노냐 특유의 복식과 도자기 등 화려한 유물들을 전시해 놓은 박물관이 있어 뒷짐 지고 요것조것 구경하기에 좋다. 하지만 내 관심사는 뭐니 뭐니 해도 그들 특유의 음식들. 바바노냐 요리(줄여서 노냐 요리)는 중국의 조미료와 말레이시아의 조미료가 섞인 복잡다양한 맛과 향을 폴폴 풍긴다. 그뿐만 아니라 조리법도 비교적 복잡하고

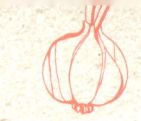

조리 시간도 긴 편이라 호커 센터 등의 노점에서 간단히 휙휙 만들어 팔기는 좀 어렵다고 한다. 그보다는 말라카 거리 곳곳에서 쉽게 찾을 수 있는 노냐 음식 전문점을 찾는 쪽이 낫다. 대부분 하이난 치킨 라이스를 대표 메뉴로 내세우고 있어 그 중 두어 군데에서 같은 음식을 먹었지만 앞서 이야기한, 우연히 발견해 들어간 식당의 치킨 라이스만 한 것은 없어 새삼 나에게 뱃살 신의 은총이 함께하는가보다 라는 생각을 했다. 맛난 것을 향해 발달한 촉이라니, 이를 어쩐다. 뭘 어째, 맛있게 먹고 살쪄야지.

내친김에 노냐 음식 한 가지 더 먹어볼까? '오딱 오딱.' 이름이 재미나다. 생선살에 요런 조런 양념을 해 잘 갈아 반죽한 후 익힌 것이란다. 주로 고등어 살을 사용하는데, 거기에 매운 고추와 마늘, 샬롯(양파와 비슷하지만 크기가 작고 맛도 부드러운 채소), 강황, 레몬그라스, 코코넛 밀크 등의 향신료를 넣지만 소량씩이라 맛이 강하지는 않다. 요 생선살 반죽을 바나나 잎에 넣고 착착 접어 찌거나 숯불에 올려 굽는데, 잎사귀를 펼쳐 속 내용물에 포크를 가져다 대니 어찌나 부드러운지 사르륵 갈라진다. 라임을 꾹 짜서 즙을 내어 뿌리고 향긋한 코리앤더(고수)를 곁들여 한 입! 그런데 어라? 아주 익숙한 맛이다. 바로 어릴 적(실은 요즘도) 간식으로 자주 먹던 '천하장사 소시지'의 맛과 거의 똑같아 반가우면서도 좀 실망했다. 이왕이면 좀 더 색다른 맛이었으면 했는데. 아쉬움은 얼큰하고 칼칼하며 시큼한 아삼 락사 한 그릇으로 달래자. 앞서 소개한 말레이시아의 매콤한 국수 '락사' 중 대표격인 아삼 락사 역시 노냐 음식이다. 후룩후룩.

밖으로 나와 말라카 광장 부근을 산책한다. 위에서 말했듯 이곳엔 묘하게 유럽풍이다 싶은 오래된 건물들이 많은데 말라카의 긴 역사를

돌아보면 '그럴 만하네' 하고 수긍하게 된다. 15세기 초, 수마트라에서 쿠데타를 벌였다 실패한 파라메스와리 왕자가 본국에서 쫓겨나 이 지역까지 도망쳐 오게 되었단다. 아이고 숨차라, 잠시 나무 아래에서 눈을 붙이다 퍼뜩 잠에서 깨었는데 마침 자신의 용맹한 사냥개가 어디선가 나타난 흰색 노루와 싸움을 하고 있었다고. 그런데 놀랍게도 약해 보이는 노루가 지혜를 발휘해 사냥개를 물리쳤고, 그때까지 자기 잘난 줄만 알던 왕자는 그 모습에 깨달음을 얻어 이 지역에 새로이 나라를 세워 지혜롭게 다스리게 되었다…라는 전설의 고향 같은 이야기. 왕자가 깜빡 잠을 청했던 나무의 이름이 '말라카'라 왕국의 이름도 그렇게 붙었다지.

　말라카는 이후 아랍 상인들과의 활발한 교류를 통해 다양한 문물과 더불어 이슬람교를 받아들였고, 지리상 동서양을 잇는 주요 요충지로서 무역의 중심지가 되어 크게 성장했다. 여기까지는 참 좋은데, 문제는 그 덕분에 식민지 시대 서구 열강들이 번갈아 눈독을 들였다는 것. 1511년엔 포르투갈에, 1641년엔 네덜란드에, 그리고 1824년엔 영국에 주권을 빼앗겼다 1957년에야 겨우 독립했다. 그 긴 역사를 겪는 동안 문화적으로도 많은 영향을 받아 독특한 유럽풍 분위기를 폴폴 풍기게 되었고, 그 덕에 현재는 말레이시아 국내 여행자들에게도, 외국의 여행자들에게도 무척 인기 있는 관광지가 되었으니 전화위복이라고 해야 할까?

　작은 다리를 건너 광장 건너편으로 넘어가니 어디선가 달달하고 느끼한, 향긋한 냄새가 바람에 실려 날아온다. 버터 냄새다. 근처에 빵집이라도 있는 걸까? 코를 킁킁대며 두리번거리다 문이 활짝 열려 있는 가게

에서 종업원이 갓 구운 자그마한 파이 과자를 오븐에서 꺼내는 모습을 발견했다. 말라카의 명물이자 또 하나의 노냐 음식인 파인애플 타르트다. 그러고 보니 이곳뿐 아니라 요 주변엔 같은 것을 파는 가게들이 줄지어 있다. 들어가 볼까?

좁은 가게 안엔 타르트가 담긴 플라스틱 용기가 가득 쌓여 있고, 계산대 뒤에선 아주머니 두 분이 웅차웅차 반죽과 속 재료를 만드는 중. 파인애플 과육을 으깬 것에 계피와 클로브(정향)을 살짝 섞은 달콤한 속 재료에는 꿀벌들이 다닥다닥 붙어 있다. 오죽 달콤하면 저럴까. 기구를 이용해 버터와 달걀노른자를 듬뿍듬뿍 넣은 파이 반죽을 쭉 짜놓은 후 그 위에 파인애플 과육으로 만든 속 재료를 얹어 돌돌 만다거나 해바라기 모양 등을 내기도 하는데 디자인은 다양하지만 재료는 똑같다. 고로 맛도 똑같다.

어디, 따끈할 때 한 입! 생각만큼 달지 않고 퍼석하다. 파인애플이 아니라 호박 고구마 타르트인가 싶을 정도로 달착지근하며 덤덤한 맛에 살짝 새콤한 향이 도는 정도. 맛은 평범하지만 말라카에서만 맛볼 수 있다는 데 의의를 두고 오물오물 먹는다. 흠, 좀 많이 퍼석하긴 하네. 맨 입에 먹으려니 가슴을 쿵쿵 치게 된다. 근처 찻집에 들어가 따끈한 차라도 한 잔 곁들이면 더 좋겠네. 파인애플 타르트 한 상자를 사 들고 말라카 거리를 계속 걸어 내려간다. 한가롭고 평화롭다.

말라카 딤섬집의 소박한 음식들. 특히 저 빨간 고추가 무지 매웠답니다.

말레이시아에서
딤섬이라니

아침 여섯 시가 조금 넘었을까, 이렇게 이른 시간에 일어나다니 난 정말 부지런해 라고 자화자찬을 하며 손에 지갑과 카메라만 달랑 들고 거리로 나선다. 아니 이럴 수가! 나보다 더 부지런한 사람들이 있었네. 벌써 삼삼오오 모여 이른 아침 식사 중이다. 메뉴는 중국식 죽 '콘지.' 중국어로는 '쩌우'인데 우리말 '죽'을 좀 더 강하게 발음하면 얼추 대화가 통한다. 사실 말레이시아에선 어딜 가든 영어가 통하기 때문에 콘지라고 해도 전혀 문제가 없긴 하지만. 그래, 오늘 아침은 여기서 먹어야지.

죽이야 우리나라에도 널리고 널린 아주 흔한 음식이지만 중국식 죽은 또 미묘하게 다르다. 찰기가 없는 길쭉한 쌀알이 절로 으깨질 정도로 아주 푸욱 끓이는데, 여기에 소금간만 적당히 한 것이 기본 형태. 이대로도 따끈하고 간간하니 맛있지만 위에 입맛대로 다양한 고명을 올려 먹어도 좋다. 냄새 고릿한 피단(소금에 절인 오리알), 잘게 썬 파, 말린 표고버섯을 퉁퉁 불린 것, 폭 삶아서 잘게 찢은 닭고기 살, 채친 생강, 흰살생선의 살점 등등. 나의 선택은? 고민 끝에, 닭고기 콘지!

흰 쌀죽에 닭고기 살과 파, 생강 저민 것을 얹은 후 참기름을 휙 둘러 뿌린 콘지 한 그릇이 나왔다. 톡 쏘는 날 생강의 향이 잘 어울린다. 어릴 적엔 생강이나 마늘, 양파 등의 향신채들을 잘 먹지 못했었다. 김치를 먹다 양념에 들어간 다진 생강 조각이라도 씹으면 나 죽는다고 엣퉤퉤 엄살을 피우며 물을 꿀꺽꿀꺽 마셨던 기억이 난다.

그런데 언제부턴가 요 알싸한 향기가 그렇게도 좋아졌으니 신기하다. 자라면서 입맛이 계속 바뀌는 모양이라 지금 좋아하는, 혹은 꺼리는 음식을 10년 후에는 어떻게 대하게 될지 은근히 기대된다. 그나저나 어휴, 이거 왜 이렇게 뜨거워! 콘지는 우리나라식 죽보다 쌀알 알갱이가 더 잘게 퍼져 있어 공기가 적게 들어가 잘 식지 않는다. 게다가 중국식 수저는 오목하고 깊게 패 있기 때문에 후후 불어가며 조심조심 먹어야지, 만만히 보고 입안 깊숙이 한 입 집어넣었다간 헛바닥과 입천장을 홀랑 데일 수도 있다는 사실. 함께 주문한 아이스 티로 입안을 식혀가며 닭고기 콘지를 열심히 먹는다. 어으, 좋네.

아무리 식성이 좋다 해도 여행이 길어지다 보면 속이 불편해지는 경우가 종종 생긴다. 그럴 때면 대부분의 나라, 대부분의 도시에 있는 차이나타운으로 가 뜨끈하고 담백한 콘지 한 그릇을 주문하는데, 후후 불어가며 호록 호록 열심히 떠먹다 보면 어느새 뱃속이 따뜻해지면서 몸이 다 노

곤해지는 효과가 있다. 역시 죽에는 신비한 치유 효과가 있는 모양이다.

이왕이면 '요우티아오'도 한 접시 먹을까? 밀가루 반죽을 얇게 밀어 작고 기다란 직사각형 모양으로 자른 다음 끓는 기름 솥에 넣고 튀겨낸 빵이다. 작은 반죽이 순식간에 팔뚝만 한 굵기와 길이로 부풀어 오르는데, 그 모습이 어찌나 신기한지 만드는 걸 구경하다 보면 시간 가는 줄 모르게 될 정도다. 요 황갈색의 튀김 빵을 한입 크기로 잘라 접시에 담아주는데, 단면에 구멍이 숭숭 나 있어 콘지 그릇에 푹 담그면 구멍 사이사이에 죽이 스며든다. 요걸 입에 넣고 와작! 기름지고 고소한 튀김 빵과 담백하고 뜨거운 죽이 입안에서 어우러진다. 맛있네, 맛있어! 요우티아오 반죽엔 소금간만 아주 살짝 하므로 고것만 먹기엔 좀 밍숭맹숭하지만 콘지와 함께라면 환상의 궁합이다. 끝내주는 중국식 아침 식사!

그런데 잠깐, 왜 말레이시아에서 중국식 죽이랑 튀김 빵 타령이냐고? 뜨거운 죽과 함께, 혹은 따끈한 콩 국물과 함께 요우티아오를 와작와작 곁들여 먹는 것은 중국은 물론 동남아시아 여기저기에서 흔히 찾아볼 수 있는 아침 식사이다. 예로, 태국에서는 찐 보리와 타피오카 경단을 넣은 콩 국물에 설탕을 듬뿍 치고 요우티아오를 푹푹 찍어 먹는다. 청나라 말, 아편전쟁 이후 많은 중국인이 동남아시아 곳곳으로 이주하면서 그들의 음식문화도 함께 따라온 것이다. 말레이시아는 대부분 고무 광산과 주석 광산의 부족한 일손을 중국 노동자들이 채워 주었는데 현재는 약 2천

500만 명의 인구 중 중국인이 25퍼센트에 달한다. 그런데 60퍼센트 이상의 다수를 차지하는 말레이인, 그리고 8퍼센트로 비교적 소수인 인도인들이 있음에도 25퍼센트의 중국인이 말레이시아의 경제를 주름 잡고 있다고 해도 과언이 아니란다. 실제로 이른 아침, 골목골목을 드나들며 산책하다 보면 이 사실을 확실히 느낄 수가 있는데, 누구보다도 먼저 가게 문을 열고 영업 준비를 시작하는 것은 언제나 중국인들이기 때문이다. 아주 진지한 표정으로 가게 앞에 쪼그리고 앉아 향불을 피우고 지전(의식용 가짜 돈)에 불을 붙여 연기를 폴폴 날리며 복을 빈 다음 본격적으로 장사를 시작하는 그들을 보면 감탄이 절로 나온다. 부지런쟁이들 같으니라고.

말레이시아에서 탄탄히 자리 잡은 중국인들은 대부분 지리적으로 가까운 광둥성 출신이라 자연히 광둥 요리의 흔적을 곳곳에서 찾을 수 있다. 가까운 시장에 가면 반들반들하게 윤기가 흐르는 붉은색의 통 오리구이라던가 가볍게 찌기만 하면 되는 딤섬류, 곁들임 반찬으로 인기 있는 짜사이 등을 쉽게 살 수 있다. 그뿐만 아니라 차이나타운에선 다양한 중국 음식을 먹을 수 있는데, 식당 주변엔 광둥 음식 특유의 달콤하고 향기로운 향내가 폴폴 풍긴다. 그 중 유난히 코끝을 찌르는 낯선 냄새는 주로 팔각star anis의 향으로 중국 본토가 아니더라도 광둥성 바로 아래에 있는 홍콩 여행을 해본 사람이라면 익숙할 냄새다.

광둥 음식 이야기가 나왔으니 딤섬을 빼놓을 수가 없다. 쿠알라룸푸르 근교의 소도시인 말라카 중심부에는 말레이인의 종교인 이슬람 사원

이 있고, 그 바로 앞에는 소박
한 딤섬집이 있다. 무척 오래되
어 허름하지만 언제나 손님이 넘
쳐나는 곳이다. 다양한 음식재료,
특히 돼지고기를 자유자재로 활
용하는 딤섬집과 교리상 돼지고기를 절대 금하
는 이슬람 사원이 딱 붙어 있다니 좀 아슬아슬
해 보인다. 이거, 괜찮은 걸까? 하지만 기우일
뿐, 다들 각자의 생활 방식을 고수하며 간섭 없
이 살아간다. 말레이인과 중국인, 인도인이 큰
분쟁 없이 어울려져 사는 다문화 국가 말레이
시아. 서로의 차이를 존중하지 않고서야 이런
평화로운 공존은 불가능할 것이다.

전면이 개방된 딤섬집 테이블에 자리를 잡
고 앉았다. 어찌나 사람이 많은지 합석은 기본. 스
카프를 둘러 머리와 목덜미를 가린 말레이 여성이
이슬람 사원 안으로 들어가는 모습을 보며 달콤하
게 양념한 돼지고기 바비큐를 넣은 찐빵 '차슈빠
오'를 오물오물 먹는다. 잠깐, 그러고 보니 그 옆
건물은 힌두 사원이다. 미간에 붉은 점을 찍고 화
려한 색의 전통 의상을 입은 맨발의 할머니와 그
아들들이 재스민 꽃을 꿰어 만든 꽃목걸이를 들
고 종종걸음으로 들어간다. 목을 길게 빼 뒷모습
을 쫓다 보니, 어머머, 그 옆은 또 불교 사원이잖아? 찻주전자 가득한 보
이차를 잔에 따라 마시며 감탄 또 감탄. 평화로운 공존, 부럽습니다.

쿠알라룸푸르의 스리 마하마리암만 힌두 사원. 정교한 조각에 입이 떡 벌어지네요.

힌두 사원에서
밥을 얻어먹다

　　말레이시아의 중국음식 이야기를 했으니 이번엔 인도음식 차례. 그렇지만 그 전에 인도인들의 큰 축제 타이푸삼Thaipusam을 이야기하는 게 먼저겠다. 힌두교인들의 축제이지만 사실 축제라기보다는 3일간에 걸쳐 온갖 고행을 하며 참회하는 것이라 마냥 신나 할 수만은 없는 기간이다.

　　옛날 옛적, 힌두교의 여신인 스리 마하마리암만Sri Mahamariamman이 자신의 두 아들에게 "가장 소중하다고 생각하는 것의 주위를 세 바퀴 돌고 오라"는 명령을 내렸다. 냉큼 길을 떠난 둘째 아들이 온 지구를 세 바퀴 도느라 고생하는 동안 첫째는 집에서 뺀질뺀질 놀다가 어머니가 야단을 치자 냉큼 그녀의 주변을 세 바퀴 돌며 "나에겐 울 엄마가 젤 소중하다"라고 했단다. "아이고, 우리 큰아들이 최고네!" 여신은 너무나 감동한 나머지 첫째 아들에게 모든 능력을 물려주어 버렸다. 얼마 후 피곤함에 지친 둘째 아들이 돌아와 보니, 이게 웬일? 제대로 뒤통수를 얻어맞고 완전히 상심해 버렸고, 그 길로 산속 동굴에 들어가 다신 나오지 않았단다. 성깔 있다. 어머니 여신은 뒤늦게 크게 후회했고, 이후 1년에 한 번씩 동굴

로 찾아가 사과를 했다고. 그렇게 매년 아들을 찾아간 날을 바로 타이푸 삼이라 부르며 기리는 것인데 힌두 달력 기준이라 매년 날짜가 조금씩 바뀌지만 보통 1월 중순에서 2월 중순 사이다. 그리고 화난 둘째 아들이 틀어박힌 동굴이 바로 쿠알라룸푸르 근교의 바투batu 동굴이라 여기서 타이푸삼 축제가 열리는 것. 말레이시아 인구의 8퍼센트를 차지하는 인도인들이 3일간에 걸친 축제 기간에 모두 이곳으로 모인다 해도 과언이 아니다. 한마디로, 깔려 죽기 일보 직전이라는 소리!

　바투 동굴은 쿠알라룸푸르에서 차로 20여 분 거리다. 새벽 5시 정도의 이른 시간에 시내에서 택시를 잡아타고 내달려 해가 뜨기 전에 도착했는데도 불구하고 이미 문자 그대로 인산인해. 이 사람들은 잠도 없나? 대체 몇 시에 출발한 거야? 사실 이곳에 모인 인도인들은 그 전날 자정께 쿠알라룸푸르 시내 중심부에 있는 힌두 사원에서 꽃으로 장식한 커다란 은 전차를 끌고 이곳 바투 동굴까지 밤새 맨발로 걸어온 사람들이다. 그리고는 산 아래에 돗자리를 깔고 누워 노숙해가며 3일 내내 타이푸삼에 참여하는 것이다. 서너 살이나 될까 싶은 어린아이부터 부축이 필요한 노인까지 한마음으로 함께이다.

　인파 사이에 끼여 겨우겨우 한 발 한 발 옮겨가며 산 위로 올라가 중

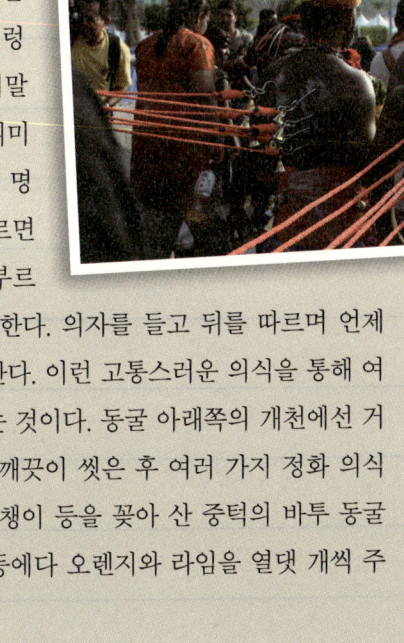

턱에 있는 동굴 속으로 들어간다. 큼직한 카메라와 묵직한 배낭이 무척 성가시지만 이 정도로 불평할 순 없다. 왜냐고? 인도인들은 상상을 초월하는 짐을 지고 있기 때문이다. 바로 카바디Kavadi. 무거운 짐을 뜻하는 힌디어인데 꽃과 과일, 색색의 천으로 마냥 화려하게 장식한 커다란 짐(마치 가마 같다)을 맨살에 연결해 이고, 지고, 심지어 끌고 간다. 맨살이다, 맨살!

낚싯바늘과 꼬챙이 등으로 살을 뚫어 줄을 매달아 짐과 연결을 해놓은 모습은 보는 것만으로도 심장이 벌렁거릴 정도다. 당장 그만두라고 뜯어말리고 싶지만, 이들에게는 무척 큰 의미가 있는 행위이다. 집안 식구 중 한 명이 이 카바디를 짊어지고 산을 오르면 다른 가족들은 그 옆에서 노래를 부르고 손뼉을 치고 사진을 찍으며 독려한다. 의자를 들고 뒤를 따르며 언제든 잠시 앉아 쉴 수 있게 해주기도 한다. 이런 고통스러운 의식을 통해 여신의 참회에 동참하며 함께 속죄하는 것이다. 동굴 아래쪽의 개천에선 거의 벌거벗다시피 한 사람들이 몸을 깨끗이 씻은 후 여러 가지 정화 의식을 거쳐 몸 이곳저곳에 바늘이며 꼬챙이 등을 꽂아 산 중턱의 바투 동굴에 오를 준비를 한다. 카바디 대신 등에다 오렌지와 라임을 열댓 개씩 주

렁주렁 매달고 산을 오르는 사람들도 무척 많다. 역시 낚싯바늘로 살을 뚫었는데, 큼직한 오렌지 한 개가 얼마나 묵직한지를 생각하면 또다시 심장이 벌렁벌렁. 그렇지만 눈이 마주칠 때마다 씩 웃어준다. "아프지 않아요?" 하고 물으니 괜찮단다. 행복하단다.

타이푸삼 축제의 한가운데서 알 수 없는 열기를 느낀 후 쿠알라룸푸르로 돌아와 힌두 사원을 찾았다. 알록달록하게 채색된 정교하고 화려한 조각상들이 가득하다. 엊그제 구경했던 이슬람 사원과도, 불교와 도교 사원과도 또 다르다. 신기해라! 본당 뒤편으로 가 보니 음식을 제공하고 있다. 누구든 원하는 사람은 무료로 밥을 먹을 수 있다. 이야, 이런 건 절대 놓칠 수 없지! 긴 줄에 합류해 순서를 기다리니 친절한 자원 봉사자들이 생글생글 웃으며 음식을 퍼 주는데, 넓적한 바나나 잎을 접시 삼아 펴서 내밀면 그 위에 다양한 음식을 한 주걱씩 담아준다. 매콤 새콤하고 향이 강한 쌀밥과 담백하게 삶은 병아리콩, 시큼한 쌀죽 등 모든 음식은 100퍼센트 채식이고 손가락을 이용한다. 인도에 가본 경험이 아직 없어 손가락으로 밥을 먹는 것 역시 이번이 처음이다. 음식이 꽤 뜨거워 "앗뜨뜨뜨" 하며 조심조심 먹는데 다른 사람들은 다들 문제없이 익숙하게 식사를 한다. 나도 좀 있으면 익숙해지려나?

어느새 손가락 끝에 인도 향신료의 노란 물이 든다. "공짜 밥이라니, 고마워서 어쩌지?"라고 인사하자 자원봉사자가 말하길, "누군가가 기부한 돈으로 사람들에게 무료 식사를 줄 수 있으니 원한다면 너도 다른 사람들을 위해 기부할 수 있어"라고 한다. 어우, 거 말 참 가슴 찡하게 하네. 무종교가 상팔자라고 주장하는 나이지만 가끔은 종교가 가진 힘에 가슴이 쿵쿵 울리곤 한다.

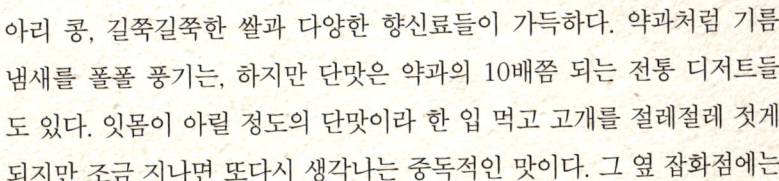

사원을 나와 쭉 걸어가면 어느새 리틀 인디아 지역에 도착한다. 차이나타운이 그랬듯 이곳엔 인도인들과 그들이 운영하는 상점, 식당 등이 가득하다. 매콤한 후추 같은 향신료 냄새와 특유의 달콤하고 묵직한 향수 냄새가 바람에 실려 오고 간다. 식료품 가게의 문을 열고 들어가니 인도 음식에 아주 넉넉히 들어가는 정제 버터 기ghee와 빨갛고 노란 렌즈 콩, 병아리 콩, 길쭉길쭉한 쌀과 다양한 향신료들이 가득하다. 약과처럼 기름 냄새를 폴폴 풍기는, 하지만 단맛은 약과의 10배쯤 되는 전통 디저트들도 있다. 잇몸이 아릴 정도의 단맛이라 한 입 먹고 고개를 절레절레 젓게 되지만 조금 지나면 또다시 생각나는 중독적인 맛이다. 그 옆 잡화점에는

독특한 액세서리와 의식용 초, 화려한 스카프 등과 함께 힌두 신의 모습(아련한 쌍꺼풀과 긴 속눈썹이 특징. 어찌나 눈빛이 그윽한지)이 그려진 달력과 책, 장식품 등을 팔고 있다.

리틀 인디아 지역은 분명 이름처럼 인도인들이 모여 사는 곳이지만, 그렇다고 해서 말레이인이나 중국인들을 찾아볼 수 없느냐 하면 전혀 그렇지 않다. 인도의 전통 의상인 사리saree를 파는 옷 가게 바로 옆에 모슬렘 여성들의 필수품인 머리와 귀를 가리는 스카프 뚜둥tudung 전문점이 있는 식이다. 차이나타운도 마찬가지, 그곳 역시 세 민족의 문화가 골고루 섞여 있다. 적어도 나에겐 위화감이 전혀 느껴지지 않았다. 이슬람교와 불교, 힌두교가 조용조용히 공존하는 나라. 길거리 신문 가판대엔 세 가지 언어로 된 신문들이 사이 좋게 손님을 기다리는 나라. 아침은 중국 딤섬, 점심은 말레이시아 락사, 저녁은 인도 커리를 먹을 수 있는 나라. 다민족 다문화 국가이면서 분쟁이 거의 없다는 것은 경이로운 일이다.

요게바로 KAVADI~

덥다 팔아파

Thaipusam 현장에서 제일 흔하게 보는 모습!

일출의 태양빛을 상징하는 노란색

다들 노란옷이네!

요 항아리는 카바디의 한 종류~

영차

KAVADI란? 무거운 짐이라는 뜻. 요게 제일로 단순한 형태래요.

금속 항아리에 우유를 붓고 노란 천으로 뚜껑 씌우고 꽃장식으로 마무리합니다.

카바디를 만드는 자원봉사자들

만만해 보였...... 는데 엄청힘들어 !꺅!

근성따윈 없는 3X살 여인

이 더위를 달래줄 수 있는 건 차갑고 달콤한 첸돌, 너 뿐이야!

더워, 더워, 더워!
첸돌

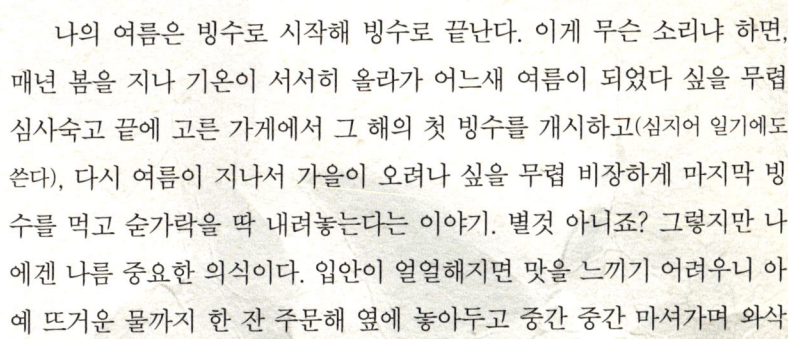

　　나의 여름은 빙수로 시작해 빙수로 끝난다. 이게 무슨 소리냐 하면, 매년 봄을 지나 기온이 서서히 올라가 어느새 여름이 되었다 싶을 무렵 심사숙고 끝에 고른 가게에서 그 해의 첫 빙수를 개시하고(심지어 일기에도 쓴다), 다시 여름이 지나서 가을이 오려나 싶을 무렵 비장하게 마지막 빙수를 먹고 숟가락을 딱 내려놓는다는 이야기. 별것 아니죠? 그렇지만 나에겐 나름 중요한 의식이다. 입안이 얼얼해지면 맛을 느끼기 어려우니 아예 뜨거운 물까지 한 잔 주문해 옆에 놓아두고 중간 중간 마셔가며 와삭와삭 먹는다. 녹차빙수, 딸기빙수, 커피빙수도 좋지만 가장 기본인 팥빙수가 역시 최고다. 팥빙수 만세! 그런데 말레이시아에서 만만치 않은 라이벌을 만났으니, 바로 '첸돌.'

　　만드는 방법은 간단하다. 대접에 얼음 보숭이를 담고 코코넛 밀크를 반 국자쯤 뿌린 다음 갈색의 팜 슈거palm sugar 녹인 것을 뿌린다. 그 위에는 초록색의 짤막한 국수 같은 것을 얹는데, 얼핏 보면 애벌레 같기도 한 요 국수(젤리와 국수의 중간쯤 되는 질감이다)가 첸돌의 포인트이다. 쌀가루나

녹두가루에다 판단pandan 잎에서 추출한 녹색 즙을 섞어 반죽해 익힌 것. 익힌 강낭콩이나 팥, 찹쌀, 친차우(검은색의 쌉쌀한 약초 젤리) 등도 넣는데 요렇게 들어가는 재료들은 가게마다 조금씩 차이가 있다. 우리나라 빙수집도 요렇게 조렇게 다양한 메뉴를 내놓듯 첸돌 역시 엿장수 마음대로이다. 하지만 코코넛 밀크와 팜 슈거, 초록색 국수만큼은 필수 요소.

깔끔하고 세련된 카페에서는 물론 낡고 수더분한 동네 찻집이라던가 심지어 길거리 노점에서도 파는 흔한 디저트인데, 대부분 수십 년은 되어 보이는 커다란 수동 빙삭기를 이용하기 때문에 일일이 손잡이를 돌려 얼음을 득득 갈아내야 한다. 어릴 적 먹던 동네 제과점 팥빙수의 추억이 되살아나는 모습이다.

오래 기다리셨습니다, 여차여차 첸돌 완성! 말레이시아 날씨가 어찌나 덥고 습한지 그릇을 받아 드는 순간부터 얼음이 녹아내리기 시작한다. 한 손으론 점점 띵해지는 뒷골을 부여잡고 다른 한 손으론 쉴 새 없이 숟가락으로 첸돌을 푹푹 퍼서 입에 넣는다. 처절한 시간과의 싸움이다. 어이구 머리야. 정신을 차려보니 그릇에 가득하던 첸돌이 어느새 사라지고 없다. 이거 다 누가 먹었어?(누구긴) 말레이시아를 여행하는 동안 하루 한 그릇은 기본으로 숨도 안 쉬고 한번에 마셨고, 날씨에 따라 때로는 두 그릇 이상을 먹기도 했다. 이 경우엔 배탈로 묵은 변비가 한번에 해소되는 효과가 있었지만, 따라 하진 마세요!

기본적인 첸돌의 맛도 기가 막히지만 두리안 첸돌도 별미다. 두리안 과육 으깬 것을 듬뿍 넣어 만든 것인데, 향긋하면서도 고릿한 코코넛 밀크, 캐러멜 향이 진한 팜 슈거에다 만만치 않게 강렬한 두리안이 만나니 끝내주게 궁합이 잘 맞는다. 양파 같기도 하고 고기 같기도 한 독특한 냄새와 찐득찐득한 질감의 두리안은 친해지기까지 조금 시간이 걸릴 수도 있지만 그럴 만한 가치가 있는 멋진 과일이다.

첸돌의 필수 재료인 팜 슈거는 다른 말로 코코넛 슈거coconut sugar라고 한다. 코코넛 나무 꼭대기에 올라가 꽃봉오리에 칼집을 여러 군데 낸 다음 그 바로 아래에다 냄비를 매달아 놓고 흘러내리는 수액을 받아 모아 오랜 시간 졸여서 만

드는 설탕이다. 워낙 날이 덥고 습해 수액이 금세 발효되어 버리기 때문에 잽싸게 모아다가 후다닥 끓여야 한다. 그렇지 않으면 시큼한 맛의, 설탕도 뭣도 아닌 게 되니 말이다. 우웩! 이걸 커다란 냄비에 부어 넣고 대여섯 시간가량을 천천히 저어가면서 바글바글 끓여 걸쭉하게 만들어 주는데, 처음에는 살짝 불투명하고 아주 연한 노란빛을 띠던 수액이 시간이 지날수록 점점 진한 갈색으로 변해간다. 슬슬 다 되었다 싶으면 요 액체를 속이 빈 대나무에 부어 넣어 굳혀주는데, 한 5분 정도면 금세 딱딱해진다.

　동네 식품점이라든가 시장에 가면 이렇게 만든 원통형의 갈색 설탕 덩어리를 살 수 있다. 아기 주먹보다 좀 더 큰 크기라서 이대로는 사용하기 불편하겠다 싶기도 한데, 약한 불에도 아주 금방 녹기 때문에 걸쭉한 시럽 형태로 만들어 쓰는 경우가 많다. 나도 음식을 할 땐 흰 설탕 대신 꿀이나 매실 청을 넣곤 하니 사용법은 비슷하다고 말할 수 있겠다. 녹는점은 낮지만 타는점이 반대로 꽤 높으니 신기하다. 설탕에 열을 가하면 갈색의 캐러멜 상태가 되다가 어느 순간 새까맣게 타 버리는데, 팜 슈거는 타지 않고 오랫동안 버티기 때문에 고온에서 조리해야 하는 음식에 넣기가 좋다.

　하지만 제일 중요한 건 맛과 향! 팜 슈거는 수액을 졸인 것이라 일반 설탕이나 꿀보다 묵직하고 진득한 냄새가 난다. 흰 설탕과 흑설탕의 맛이 각각 다르듯 팜 슈거도 특유의 풍미가 있는데, 굳이 비교하자면 흑설탕 맛에 좀 더 가깝다고 할까? 살짝 한약 같은 냄새와 더불어 캐러멜 향이 강한 편이고 뒷맛이 크리미하다. 깊고 복잡한 향을 내는 대신 맛이 묵직해서 산뜻하고 가벼운 디저트에는 어째 어울리지 않을 듯하다. 그래서인지 말레이시아의 전통 디저트들은 산뜻하다기보다는 묵직한데, 주로 찹쌀을 이용해 쪄서 만들기 때문에 마치 떡처럼 조금만 먹어도 금세 포만감

이 느껴진다. 게다가 팜 슈거의 맛이 워낙 진해 더 그렇다. 디저트뿐 아니라 동남아시아 음식에 두루두루 다양하게 사용되어 특유의 맛과 향을 더해주는 큰 역할을 한다고. 아무리 주재료를 제대로 갖추고 조리법도 세심하게 지킨다 한들 사소한 양념류가 갖추어지지 않으면 외국 음식의 맛을 재현하기가 쉽지 않다. 간장만 달라져도, 마요네즈만 달라져도 뭔가 아쉽다. 물론 설탕도 마찬가지다. 몇 년 전 태국 배낭여행 중 요리 수업을 들을 기회가 있었는데, 그때도 요 갈색의 팜 슈거 덩어리를 부수어 녹여서 사용했었다. "한국엔 요게 없는데 어쩌죠?"라고 했더니 그럼 제대로 맛이

나지 않을 거라며 아쉬워하던 요리 선생님 말씀이 생각난다. 요즘은 인터넷의 수입식품 쇼핑몰을 통해 쉽게 살 수 있으니 반가운 일이다.

말레이시아에선 팜 슈거를 굴라 말라카Gula Melaka라고 부른다. '굴라'는 설탕을 뜻하니, 한마디로 말라카의 설탕이라는 뜻이다. 옛날엔 말라카 지역 특산인 바바노냐(중국과 말레이의 혼합 문화) 음식에 주로 사용했기 때문에 그런 이름이 붙은 것이란다. 물론 지금은 전국구 설탕이 되었지만.

앞에서 말했듯 첸돌에는 팜 슈거와 더불어 코코넛 밀크가 절대 빠지지 않고 들어가는데, 둘 다 코코넛 나무 출신의 한가족이다 보니 서로 끝내주게 잘 어울린다. 하루에 한 그릇씩 첸돌을 열심히 먹은 데는 다 이유가 있다. 얼마나 맛있는데! 그러고 보면 말레이시아에선 코코넛으로 무척 다양한 먹을거리를 만든단 말이지.

제일 만만한 건 역시 푸릇한 열매의 윗부분을 커다란 칼로 통통 쳐 잘라낸 다음 빨대 하나 폭 꽂아서 쪽쪽 빨아먹는 것. 밍숭밍숭하고 미지근한 요 과즙은 숙취 해소에 아주 좋다(효과를 제대로 본 사람의 말이니 믿으셔도 됩니다). 다 마신 후에 숟가락으로 흐물흐물하고 허연 과육을 닥닥 긁어 먹는 것도 재미있긴 한데 사실 별 맛은 없다. 왜냐, 코코넛 과육은 열매가 다 익은 후에 먹어야 제맛이니까. 푸릇하던 열매가 갈색으로 변하며 잘 익는 동안 속에서 찰랑거리던 과즙은 서서히 말라가고 흐물거리던 과육도 야무지게 단단해진다. 요걸 얇게 썰어 날로 먹어도 좋고 굽거나 튀겨 먹어도 좋다. 특히 팜 슈거 시럽에 넣고 졸이면 둘이 먹다가 하나가 먼저 귀국해도 모를 정도로 맛있다. 열량은… 먹을 때는 잠시 잊는 게 정신 건강에 좋을 듯. 시장에 가면 굽거나 튀기거나 졸인 코코넛 과육을 쟁반에 가득 쌓아 놓고 무게를 달아 파는 상인들이 많다. 냠냠.

과육도 과육이지만 향긋하면서도 고릿한 코코넛 밀크도 절대 빼놓을 수 없다. 어떤 음식에든 조금만 넣어도 대단한 존재감을 보여주는 조미료다. 동네 구멍가게든 대형 슈퍼마켓이든 어디서나 깡통에 든 코코넛 밀크를 쉽게 살 수 있다. 물에 개어 쓸 수 있는 코코넛 밀크 파우더도 있는데 부피도 적고 가격도 약 500원 남짓이라 잔뜩 사서 여행 기념 선물로 주변에 나누어줄 만하다.

재래시장 곳곳에선 코코넛 밀크를 만드는 모습을 쉽게 구경할 수 있다. 과즙이 마르고 과육이 단단해진 잘 익은 코코넛을 반으로 갈라 기계로 하얀 과육을 곱게 갈아낸 다음 착즙기에 넣고 꾹 눌러 즙을 짜낸다. 하얀 코코넛 밀크가 금세 한 양동이 뚝딱. 진한 향기가 사방에 퍼진다. 침이 꼴깍, 안 되겠네. 시장 구경 후딱 하고서 첸돌 한 그릇 더 먹어야지.

노릇노릇 익어가는 로띠. 요 두 가지 국물 음식을 곁들이면 로띠 차나이가 되지요.

복작복작
호커 센터

앞서 나시 레막이라던가 떼 따릭, 락사 등 이런저런 말레이시아 음식 이야기를 하면서 번듯한 식당 대신 호커 센터hawker center에서 먹었다는 소리를 여러 차례 했는데, 이번엔 그 호커 센터에 대한 좀 더 자세한 이야기를 해보련다. 길거리를 어슬렁어슬렁 돌아다니다 보면 꽤 널찍한 공간에다 천막을 둘러놓고 음식을 파는 곳을 종종 만날 수 있다. 혹은 천막 없이 고가 다리 아래의 그늘진 곳에서 영업하기도 한다. 누구 한 사람이 운영하는 것이 아니라 여러 노점상이 한곳에 모여 각각 음식 장사를 하는 것. 말하자면 야외형 푸드코트라고 할까?

호커 센터는 말레이시아뿐 아니라 싱가포르, 홍콩 등에도 무척 흔한데, 이른 아침부터 늦은 밤까지 (때로는 24시간 내내) 가볍게 들러 끼니를 해결할 수 있는 고마운 장소이다. 처음엔 수많은 호커 센터들이 이른 아침부터 하나같이 북적이는 모습을 보며 '아니 이 사람들은 집에서 아침밥을 안 해먹나'라고 생각했는데 알고 보니 그게 정답이었다. 워낙 기온이 높은데다 습도도 만만치 않아 좁은 집 부엌에서 불을 써 가며 음식을 만드는 게 쉽지 않단다. 그래서 호커 센터에서 나시 레막 등의 아침거리를 포장해 와 먹는 것이 일반적이라고. 게다가 동남아시아의 부부들은 대부분 맞벌이를 하므로 점심과 저녁 식사도 외식으로 해결하는 경우가 많다니 말레이시아뿐 아니라 여러 동남아시아 국가의 길거리에 음식 노점상이 무척 흔한 것이 이해가 간다. 그 중 말레이시아와 싱가포르, 홍콩 등에선 대부분 무허가로 영업 중이던 각각의 노점상들을 아예 한 장소에 모아 허가제로 운영하도록 유도하는 정책을 폈는데, 덕분에 전기나 수도, 가스 등도 공동으로 사용할 수 있고 위생 관리도 수월해졌다고. 1960년대부터 활성화된 훌륭한 정책이다.

널찍한 공간 곳곳엔 테이블과 의자가 가득해 원하는 음식을 사서 원하는 자리에 앉아 자유롭게 식사하고 갈 수 있다. 야외이다 보니 에어컨 시설이라든가 화장실이 없다는 등의 아쉬움은 있지만, 상당수의 손님이 음식을 포장해 간다는 사실, 그리고 뭐니 뭐니 해도 사소한 것 하나라도 일반 식당보다 저렴하다는 것을 생각하면 아쉬운 마음은 잠시 착착 접어 주머니 속에 넣어 두자.

호커 센터는 지하철역, 버스 터미널, 기차역 주변같이 유동 인구가 많은 곳엔 물론이고 아파트 단지나 단독주택이 밀집해 있는 지역에서도 아주 쉽게 찾을 수 있다. 이런 곳에까지라는 생각이 들 만한 곳에서도 널찍한 호커 센터가 영업 중인 것을 보면 이곳 사람들, 정말 집에선 음식을 잘 해먹지 않는 모양이라는 생각이 든다. 수요가 공급을 창출하는 것이다. 일전에 뉴스를 통해 동남아시아에서 한국으로 시집을 온 외국인 며느리들이 문화적 차이로 시댁과 갈등을 빚는 때가 잦다는 이야기를 접했는데, 외식에 대한 견해 차이도 주요 갈등 요인 중의 하나라고 들었다. 어느 한쪽이 '틀린' 것이 아니라 '다른' 것일 뿐인데 그것을 인정하고 조율하는 것이 말처럼 쉽지 않은 모양이다.

호커 센터에서는 진한 밀크티인 떼 따릭이라던가 설탕과 연유를 듬뿍 넣은 커피, 아이스티 등의 음료는 물론이고 나시 레막, 락사, 미 고렝(볶음국수), 나시 고렝(볶음밥) 등의 식사도 주문하는 즉시 만들어 주기 때문에 따끈하게 먹을 수 있다. 혹은 미리 만들어 뷔페식으로 전시해 놓은 음식을 원하는 만큼 골라 담아 무게를 달아서 계산할 수도 있다. 이런 시스템을 나시 참푸르nasi campur라고 한다. 뭘 먹을지 고민될 때나 다양한 음식을 한 번에 맛보고 싶을 때 좋지만 말레이시아 음식은 튀기거나 볶고 지지는 등 기름을 많이 쓰기 때문에 미리 만든 음식은 아무래도 맛이 떨어지기 쉽다.

이번에는 다른쪽 호커 센터에서 뭘 좀 먹어 볼까나? 얼레, 그런데 여긴 분위기가 좀 다르다. 얼핏 봐서는 별 차이가 없어 보이지만 말레이인과 중국인의 노점이 대부분인 여느 호커 센터와 달리 인도인들이 가득하다. 당연히 음식의 종류도 다르다. 여긴 대체 어디? 정답은 마막Mamak. 호

커 센터처럼 야외형 푸드코트이지만 '마막 음식'을 판다는 차이가 있다. 그럼 대체 마막 음식이 뭔데? 말레이시아와 중국의 음식문화가 만나 노냐 음식이 탄생했듯, 말레이시아와 인도의 음식문화는 마막 음식을 뽕 하고 낳았다. 원래 마막이란 인도계 말레이인 중에서도 이슬람으로 개종한 모슬렘들을 칭하는 속어였는데 현재는 그들이 운영하는 노천 식당을 의미하는 단어가 되었다. 대부분 남인도 출신의 이민자들로, 모슬렘이다 보니 돼지고기를 사용한 음식은 팔지 않는다. 이건 물론 호커 센터의 말레이 음식 노점 역시 마찬가지다.

도시의 높은 건물 사이사이에도, 복작대는 재래시장 한가운데서도 마막은 언제나 인기 만점. 그중 최고의 인기 메뉴는, 여러 마막을 돌아다니며 나름 진지하게 고심해 보았는데, 역시 '로띠'! 폭신하게 발효시킨 밀가루 반죽을 아주 얇게 펴서 구워내는 것으로, 힌디어로 빵을 의미하는 단어이기도 하다. 골프공 정도의 크기로 떼어낸 밀가루 반죽에다 기름을 착착 발라가며 손가락 끝으로 쭉쭉 밀어 둥글고 얇은 모양이 되도록 편다. 잘 달군 철판에다 기름을 두른 다음 로띠 반죽을 올리고, 반죽 위에는 인도식 정제 버터인 기ghee를 듬뿍 퍼서 뿌려가며 굽는데 바삭바삭하며 향기롭고 느끼한 맛이 난다. 버터를 듬뿍 썼으니 맛이 좋을 수밖에 없다. 살이 찌는 음식은 대부분 맛이 좋지 않습니까!(눈물) 찰랑찰랑한 금색의 액체 상태인 기는 무염 버터를 약한 불에 올려 끓지 않게 주의해 가며 장시간 뭉근하게 데워 수분을 최대한 날려보낸 것으로 다양한 인도 음식에 두루 쓰인다. 인도 식료품점에서는 깡통에 든 500g, 혹은 1kg 용량의 기를 흔히 볼 수 있다.

웃고 즐기는 사이 어느새 둥글넓적한 로띠가 노릇하게 잘 구워졌다. 요로띠는 이런저런 음식에 곁들여 먹는 기본 빵 같은 존재라 어찌 보면 공깃밥 같기도 하다. 곁들이는 음식에 따라 이름이 달라지는데 그 중 '로띠 차나이'가 단연 대표적이다. 주문하면 로띠 한 장과 두 종류의 국물 음식을 내준다. 보통 닭 국물 커리와 '달', 혹은 채소 커리 등이다. 달은 자그마한 렌틸콩을 푹 으깨질 때까지 장시간 익혀서 만든 음식으로 담백하고 따끈해 먹고 나면 속이 편안하다. 갓 지져낸 로띠를 손으로 북북 찢어서 국물에 콕 찍어 먹는 것이 정석이지만 수저와 포크, 나이프 등에 익숙하다 보니 손을 사용하는 것이 영 어색하다. 그리고 무엇보다도 로띠가 정말 뜨겁다! 금방 지진 김치전을 맨손으로 찢어 보신다면 나의 고통을 이해하실 듯. 흑흑.

그래도 우여곡절 끝에 로띠 차나이를 싹 비웠다. 1링깃도 채 되지 않는 저렴한 음식이다. 밀가루로 만든 부침개인 로띠 한 장에다 국물 요리 조금이니 얼핏 봐선 부실해 보이는데… 사실은 실제로도 부실하다. 요거 한 장 가지고는 간에 기별도 가지 않으니 입가심으로 '로띠 카야'를 먹어야겠네. 똑같은 방식으로 지져낸 로띠에다 카야를 쓱쓱 발라 접어서 앞뒤로 다시 지지면 끝. 카야는 코코넛 밀크와 설탕, 달걀노른자 등으로 만든 잼이다 보니 향긋하고 달콤하며 느끼하다. 혹은 로띠에 연유를 뿌리고 바나나 자른 것을 넣어 만든 바나나 로띠도 좋다. 때론 초콜릿 시럽을 뿌리기도 한다. 전통적인 로띠의 형태가 원래 어떠했든 간에 시대에 따라 조금씩 변해가는 것이다. 더불어 호커 센터나 마막이 10년 후에는 또 어떤 형태로 바뀌어 있을지 벌써부터 궁금하다. 어쨌든 식기 전에 한 입 날름, 아 맛있다!

나시 레막 가게의 밥통을 열어보니, 깜짝이야! 판단이 이렇게 듬뿍!

판단 향기
솔솔솔

　　말레이시아에서 뭔가 달달한 것을 좀 먹어볼까 하고 두리번거리다 보면 '판단Pandan'이라는 단어를 무척 자주 보게 된다. 아니 그게 대체 뭔가요? 'Pandanus amaryllifolius'라는 길고도 어려운 학명의 앞부분만 톡 떼어 '판다누스', 혹은 더 간단하게 '판단'이라고 부르는 식물이다. 화사하고 밝은 초록색의 기다랗고 힘 있게 뻗은 잎이 특징인데, 요 뻗은 잎에서 나오는 달콤하고 향기로운 즙을 향신료로 사용하는 것이다. 말레이시아뿐 아니라 동남아시아 각국에서 두루두루 사용하는 인기 만점의 향신료란다. 일명 '동남아시아의 바닐라'라고 불릴 정도라니 그 쓰임새가 굉장하긴 한 모양이다. 방향제로도 꽤 쓸만해, 택시를 타면 판단 다발을 묶어서 매달아 놓은 모습을 종종 볼 수 있다. 처음엔 무슨 부적 같은 것인가 싶어 흘끔흘끔 쳐다보고 있으니 택시 기사님 왈, "판단! 베리 굿!"

　　이 신기한 잎사귀를 처음 본 것은 아침 식사를 하러 간 호커 센터의 나시 레막 노점에서였는데, 주인아주머니의 양해를 얻어 커다란 밥통의 뚜껑을 열고 그 안을 들여다보자 코코넛 밀크를 넣고 지은 길쭉길쭉한 쌀

밥 사이에 웬 치렁치렁하게 긴 대파 같은 잎사귀가 한 다발 들어 있어 흠 칫 놀랐더랬다. "이게 뭔가요?" 하고 물으니 아주머니 왈, "판단!" 코코넛 밀크뿐 아니라 생강 뿌리 저민 것, 그리고 판단 잎사귀를 넣고 지은 밥이 라 그렇게 향기롭고 뒷맛이 달큰했던 모양이다. 세상에, 신기해라!

판단과 그렇게 첫인사를 나누고 나니 그제야 기다렸다는 듯 이곳저 곳에서 판단이라는 이름이 톡톡 튀어나와 눈에 밟힌다. 말레이시아에 오 기 전에는 그 존재조차 몰랐는데 이렇게 흔하게 쓰이고 있을 줄이야. 이 거, 나만 몰랐나 봐!

판단은 나시 레막 외에도 다양한 음식에 향신료 격으로 들어가지만 달 콤한 맛이 나다 보니 역시 디저트 류에 널리 사용되고 있다. 얼마나 보편 적인가 하면, 우리나라 슈퍼마켓에서 사탕이라던가 캐러멜 같은 주전부리 를 산다면 커피 맛이라던가 초콜릿 맛, 딸기 맛 등이 기본일 텐데 말레이 시아에선 그게 으레 코코넛 밀크 맛, 두리안 맛, 그리고 판단 맛일 정도다. 잎사귀 색깔도, 그 즙도 녹색을 띠다 보니 포장지라던가 제품 색이 초록이 다 싶으면 대부분 판단 성분(또는 인공 판단향)이 들어간 것들이기 일쑤. 워 낙 색이 독특해 좀 불량식품 같은 느낌도 난다. 빵집에선 판단 케이크도

만드는데, 녹차 맛 케이크와는 또 다른 선명한(정말 선명하다!) 초록색의 스펀지 케이크에 생크림을 발라놓은 것을 보면 어째 식욕이 그다지 돌지는 않는다. 분명 인공 색소도 좀 섞었겠지 싶은 것이, 슈퍼마켓에서 파는 병에 든 판단 시럽(제과 제빵, 음료수에 다양하게 사용한다)의 뒷면에 인쇄된 성분 표시를 보니 녹색 식용 색소가 포함되어 있기에 해보는 추측이다.

어쨌든 판단은 앞서 말한 '동남아시아의 바닐라'라는 별명답게 달콤한 음식들과 무척 잘 어울리는데, 그렇다고 해서 바닐라와 비슷한 느낌이냐 하면 그건 또 전혀 아니라는 사실. 무척 달콤하고 향기롭지만 산뜻한 느낌이 아니라 약간 느끼하고 묵직한 향이다. 말레이시아의 슈퍼마켓에서 판단을 사용한 다양한 식품들을 구경하다 판단 홍차(역시나 초록색 포장)를 샀다. 쿠알라룸푸르에서 약 60킬로미터 거리, 말레이시  아의 북쪽 끝에 있는 캐머런 하이랜드에서 생산한 홍차다. 이곳에는 말레이시아 최대 규모의 홍차 밭이 있는데 일반 차 외에 이처럼 판단의 향을 입힌 가향차도 생산한다. 요거 신기하네. 귀국해서 맛을 보니 살짝 단맛이 돌고 특유의 묵직한 향기가 폴폴 풍긴다. 진하게 우려 우유와 꿀을 섞으니 독특한 밀크티가 되었다. 맛있네!

사실 싱싱한 판단 잎을 구할 수만 있다면 홍찻잎과 함께 직접 냄비에 넣고 우려내어 마시는 것이 최고라고 한다. 거기에 팜 슈거까지 넣는다면 더할 나위 없을 듯. 그 외에도 코코넛 밀크에 달걀노른자와 설탕을 듬뿍 넣어 오랜 시간 졸여 만드는 카야잼 등 말레이시아의 달콤한 음식이라면 어디든 빠지지 않고 들어간단다.

그런데 실은 제일 중요한 이야기를 아직 하지 않았다. 판단의 맛과 향, 특유의 초록색이 가장 주목받는 건 뭐니 뭐니 해도 '쿠이!' 독특한 이름의 이 음식은 말레이시아의 전통 디저트이다. 우리나라의 한과처럼 종류가 여럿인데 모두 조각 케이크의 절반 정도 되는 자그마한 크기이다. 주로 찹쌀을 이용해 쪄서 만들기 때문에 떡과 조금 비슷한 느낌이다. 아무래도 쌀이다 보니 식사 후의 입가심용 디저트로 먹기엔 배가 많이 부른 감도 있고… 라고 말은 하지만 항상 남기지 않고 싹싹 다 먹는다. 왜냐, 맛있으니까!

쿠이의 재료를 좀 더 자세히 얘기하자면 우선 찹쌀가루와 쌀가루, 그리고 코코넛 밀크나 코코넛 크림(밀크보다 좀 더 걸쭉하다), 팜 슈거, 그리고 판단이다. 대부분의 디저트가 그렇듯 쿠이 역시 열량이 상당히 높아 주의해서 먹어야 하지만 맛이 좋아 자제하기 쉽지 않다는 게 문제다.

말레이시아의 전통 디저트라고 했지만 완전히 오리지널은 아닌 것이, 실은 쿠이 역시 중국과 말레이시아의 문화가 혼합된 노냐 음식의 하나이다. 중국 광둥 지방의 다양한 딤섬 중 쌀과 찹쌀로 만든 달콤한 디저트용 딤섬들이 이곳에 전해져 오랜 시간에 걸쳐 다양하게 변형되었다는 설이 있다고. 과거엔 집집이 가족 행사나 명절 등 중요한 날이 되면 부엌에서 쿠이를 직접 만들었단다. 어머니로부터, 그리고 어머니의 어머니로부터 물려받은 각 가정의 고유한 레서피가 있었을 것이다. 하지만 지금은 대부분 간단히 사다 먹는다고 한다. 우리나라 역시 집에서 유과며 약과, 강정 등의 전통 한과를 직접 만드는 가정이 이젠 드물어졌듯이 말이다.

쿠이는 길거리 노점에서도, 세련된 제과점이나 카페에서도 어렵지 않게 살 수 있다. 종류가 꽤 다양한데 그 중 판단이 들어간 것은 특유의 초록색 때문에 금세 알아볼 수 있다. 눈을 가리고 맛을 보며 고른대도 100퍼센트에 가까운 성공률을 자신할 만큼 맛과 향 역시 독특하다. 이것도 먹고 싶고, 저것도 먹고 싶은데 위장에는 한계가 있으니 큰일이네. 그래도 가능한 한 다양한 쿠이를 한번에 맛보고 싶은 욕심이 생겨 둥그런 접시에 대여섯 가지 종류의 쿠이를 담아 포장해 놓은 모듬 제품을 샀다.

어디 보자, 하나같이 쫀득쫀득한 찹쌀 특유의 질감이다. 빻아서 가루를 내어 반죽해 찐 것도 있지만 찹쌀 알갱이가 그대로 살아 있는 것도 있다. 특히 찹쌀에다 소금 간을 살짝 하고 팜 슈거를 듬뿍 넣어 쪄낸 쿠이는 팜 슈거 특유의 캐러멜 향기가 폴폴 풍겨 마치 약식을 먹는 느낌이 들어 괜히 반가웠다. 그 외에도 달걀노른자로 만든 커스터드 크림이 듬뿍 들어간 쿠이, 동글동글하게 빚어 겉에 코코넛 가루를 묻힌 고소한 쿠이, 꿀떡처럼 반죽 속에다 팜 슈거를 넣고 빚은 후 쪄내 입에 넣고 씹으면 톡 하고 설탕물이 터지는 쿠이 등등, 모두 개성 만점. 배는 부른데 멈출 수가 없으니 이를 어쩐다.

초우킷 거리 표지판을 보니 제대로 찾아왔구나, 초우킷 마켓.

매력 만점
재래시장 구경

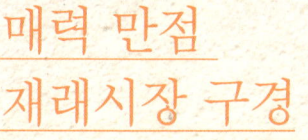

　　동네 슈퍼마켓도 좋고 큰 규모의 마트 식품 매장도 좋다. 여행지의 이국적인 음식재료는 뭐든 신기하다. 쇼핑카트에 카메라와 가방을 내려놓고(아, 홀가분해라!) 슬슬 밀면서 이런저런 물건들을 구경하다 보면 한두 시간쯤은 훌쩍 지나간다. 귀국길에 뭘 사가면 좋을까 궁리하는 재미도 있고 에어컨 바람도 시원하고, 딱 맞네!

　　하지만 재래시장의 생생함 역시 포기하기 어려운 즐거움이다. 재래시장은 영어로 'wet market'이라고 한다. 문자 그대로 해석한다면, 젖은 시장? 아마도 수시로 물을 뿌려 가며 주변을 쓸어내야 하는 환경이라 그런 이름이 붙었겠지 싶은 게, 큰 칼로 생선을 쿵쿵 내리쳐 토막 낸다거나 부위별로 주렁주렁 매달아 놓은 뻘건 고기를 잘라 판다거나 하는 작업이 이른 새벽부터 오후까지 계속되니까.

　　쿠알라룸푸르에는 여러 곳의 재래시장이 있는데, 그 중의 푸두 마켓pudu market과 초우킷 마켓chowkit market이 규모도 압도적으로 크고 취급하는 음식재료도 다양해 재미나다. 두 시장 모두 LRT(지하철) 역에서 가까워 찾아가기도 쉽다. 각각 푸두역, 초우킷역 근처다. 새벽 6시부터 낮 2시쯤까

지 열려 있는데 이왕이면 맘먹고 이른 시간에 가는 것이 좋다. 너무 붐비기 전에 요런 조런 구경을 하다 아예 시장의 호커 센터나 마막에서 아침 겸 점심을 먹으면 딱 맞다. 싱싱한 재료가 바로 앞에 널려 있으니 음식 맛은 최고.

어디 보자, 여기쯤인가? 과일과 채소가 가득한 나무 상자가 가득 쌓여 있고 사람들이 정신없이 뭔가를 나르는 걸 보니 맞게 찾아왔나 보다. 시계를 보니 아침 8시 5분 전. 큼직한 카메라를 들고 좌판들 사이로 걸어 들어오니 다들 흘끔흘끔 쳐다본다. 내 카메라는 왜 이렇게 큰 걸까, 민망하게시리. 그런데 다행히 사람들이 친절하다. 그냥 친절한 게 아니라 무척 친절하다. 뭔가를 쳐다보면 옆에서 끼어들며 그건 무슨 과일인데 맛있어, 그건 무슨 채소인데 맛있어, 그건 국물 낼 때 넣는 건데 맛있어(다 맛있다는데 믿어도 될까) 하며 앞다투어 설명을 해준다. 어우 신나! 이건 책에선 배울 수 없는 산 공부다.

말레이시아의 국어는 말레이시아어이지만 다양한 민족이 함께 모여 살다 보니 대부분의 사람이 영어를 공용어 격으로 사용하고 있어 여행하는 내내 무척 편했다. 그들은 그들 방식의 독특한 악센트가 섞인 영어를, 나는 나대로 콩글리시와 혼을 실은 보디랭귀지를 더해 신나게 이야기를 나눈다. 시장 한편에서 떼 따릭과 커피를 파는 아저씨가 말하길 일본과 미국, 영국 등 여러 나라의 여행자들을 봤지만 한국인은 처음 봤다며 신기하시단다. 대체 이 재래시장은 어떻게 알고 왔느냐는 것이다. 안내책자에 나와 있던데… 설마 내가 정말로 이곳에 온 첫 한국인은 아니겠지만, 그래도 기분은 좋다. 그래, 내 맘대로 처음이라고 생각하지 뭐.

펄떡이는 생선이며 조개, 새우와 오징어 등 해물이 많으니 시장 바닥은 온통 물투성이다. 비린내 솔솔 나는 맛난 것들이 있으니 덩달아 고양이들도 여기저기서 야옹거린다. 처음 보는 나에게도 애교를 피우며 발라

당 거릴 정도로 경계심이 없고 느긋한 걸 보니 다들 사랑받으며 지내는 모양이다. 1월의 말레이시아는 꼬막 철인지 사방에서 꼬막을 까느라 정신이 없다. 주변의 땅바닥엔 패총 마냥 온통 조개껍데기가 가득한데, 오가는 사람들이 그걸 꾹꾹 밟고 다녀 어느새 흙바닥에 껍질이 쏙쏙 박혔다. 꼬막을 까던 아저씨가 '셸 스트리트shell street'라며 농담을 건넨다. 참꼬막 속살 특유의 피비린내를 맡으니 질기지 않게 살짝만 데쳐 양념간장을 뿌려 먹고 싶다는 생각이 간절하다. 가격도 무척 싸다. 와, 우리나라에선 꼬막 요만큼이 얼마나 비싼데! 자취생 모드가 발동해 속이 부글부글 끓는다.

하기야, 꼬막 값만 싼가? 과일도 한숨이 나올 만큼 싸다. 우리나라 장바구니 물가, 이거 대체 어쩔 건가요. 한 떨기 가련한 소시민은 말레이시아 재래시장에 푸짐하게 쌓여 있는 색색의 열대과일 더미를 보며 그저 웁니다. 동남아시아답게 열대과일의 종류가 무척 다양하니 눈이 즐겁다. 그런데 사실 보는 것만큼 맛도 입에 착착 붙지만은 않는 것이, 비가 많이 오는 지역이라 그런지 대부분의 열대과일 맛은 뜻밖에 싱겁다. 그래서 매실 말린 것을 간 것과 설탕을 섞은 가루를 과일에다 솔솔 뿌려 먹는 경우가 많다. 쿠알라룸푸르 거리에서 종종 만나게 되는 과일 노점에서는 파파야와 초록색 망고, 로즈 애플, 구아바 등 다양한 열대 과일들을 한입 크기로 잘라 비닐봉지에 담아 놓은 것을 팔고 있는데 거의 모든 손님이 요 매실

싱싱한 열대 과일과 생선은 최고, 친절한 말레이시아 사람들은 더 최고!

설탕을 봉지 안에 솔솔 뿌려서 흔들어 섞어 먹고 있었다. 아니, 이 맛있는 과일에 왜 설탕을 쳐서 먹는 거지, 웃기는 사람들이야라고 입 속으로 구시렁댔는데 막상 그냥 먹어보니 아, 이래서 양념을 더하는구나 싶다. 무작정 구시렁대서 죄송합니다.

물론 맛이 진하고 달콤새콤한 과일들도 있다. 망고와 파인애플처럼 우리에게도 더없이 익숙한 것들은 말할 필요도 없고, 세상에서 제일 큰 과일이라는 잭 프룻jack fruit도 그 중 하나. 얼핏 보면 두리안과도 좀 비슷하지만 아무래도 덩치가 훨씬 크고, 겉면의 깔쭉깔쭉한 돌기도 더 촘촘하다. 큰 것은 긴 쪽의 길이가 90센티미터에 달하는데, 무게도 보통 30kg 이상 되니, 어이고야, 번쩍 들어 볼까나 하고 쉽게 덤벼들 용기가 나지 않는다. 먹고는 싶은데 이 큰 걸 어떻게 다 먹지? 아니 그 전에, 어떻게 사 들고 가지? 다행히 잭프룻은 깔쭉깔쭉하고 두꺼운 껍질을 칼로 벗겨 내고 그 안의 샛노란 과육만 발라내어 파는 것이 일반적이다. 사과나 오렌지처럼 상큼한 향이 나는 것이 아니라 구리구리한 냄새가 풀풀 나는데(두리안만큼은 절대 아니지만) 일단 먹어보면 꽤 새큼하면서도 달달하다. 특히 먹는 느낌이 재미있다. 채소를 먹는 듯한 아삭아삭하고 탄력 있는 질감이다. 요거 괜찮네.

두리번거리며 계속 구경, 또 구경. 한쪽에선 중국인 할아버지가 양념에 절인 짜사이 뿌리를 착착 채 썰고 있고, 또 한 쪽의 마막 안에선 거무스레한 피부의 인도인 아저씨가 로띠를 굽는다. 그 옆의 정육점에선 할랄halal 표시가 붙어 있는 쇠고기를 팔고 있다. 말레이시아와 중국, 인도의 음식문화가 각각 반영된 독특한 풍경. 시장이라는 공간 안에 다문화가 오롯이 담겨 있다. 물론 그들의 종교적인 금기도 함께이다. 쇠고기 포장지에 찍혀 있는 할

랄 표시란 이슬람의 종교의식을 거쳐 도축한 고기라는 의미다. 모슬렘들은 돼지고기를, 힌두인들은 쇠고기를 각각 꺼리다 보니 꽤 넓은 재래시장에서도 이 두 가지 고기의 입지는 무척이나 좁다. 그렇게 차 떼고 포 떼고 나면 남는 것은 뭐? 바로 닭고기!

시장에서도, 식당에서도 제일 흔히 볼 수 있는 것은 닭고기와 닭 요리이다. 닭에게는 안 된 일이지만. 말레이시아의 재래시장에선 그 자리에서 살아 있는 닭의 목을 칼로 따서 기계에 넣고 털을 뽑는 모습을 볼 수 있는데, 생생한 광경에 당황스러우면서도 한편으론 흥미진진하다.

깨끗하게 포장된 하얀 생닭이야 마트에 갈 때마다 보게 되는, 그리고 자주 사는 익숙한 '상품'이지만 이것 또한 나와 같은 '생명'이라는 사실은 종종 잊기 때문이다. 시장에서 닭을 잡는 모습을 보며 새삼 투정 없이, 불평 없이 감사한 마음으로 모든 음식을 대해야겠다는 생각을 하게 된다. 조금이나마 철이 드는 것일까?

잠시 스쳐 가는 여행자가 여기서 장을 봐다가 밥을 해먹지도 않을 건데 굳이 냄새나고 정신없는 시장통에 갈 필요가 있느냐고 말하는 사람들도 있을 것이다. 하지만, 그래도 나는 시장이 좋다. 한 바퀴 휙 돌고 나면 왠지 동네 주민이 된 듯한 느낌, 이 사람들은 뭘 먹고 사는지 대충이라도 파악한 느낌, 그렇게 좀 더 이 나라에 가까이 다가간 느낌. 재래시장이라는 공간이 주는 선물이다.

Hello~

안뇽
일루와보렴

왕친절 닭집아저씨 ... 닭잡기 시범을 보여주셨어요

덜덜덜 ~

우선! 살아 있는 닭을 잡아
칼로 목을 따고 (이하생략)

자세히
말하기가 쫌 ... ㅡ.ㅡ

의기
양양

엣다

''\ 어차저차
털이 싸악 뽑힌
'닭고기'가 완성되었어요

우와 ...
생전 첨 봤어 ...

마트 닭고기랑
느낌이 다르구나 ...

생생한 현장학습!

쿠알라룸푸르 부킷 빈탕 거리의 야시장. 오늘밤도 불야성이다.

몸보신
한번 해볼까?

　　언제부턴가 하루에 한 알씩 꼭꼭 종합 비타민제를 챙겨 먹게 되었다. 보험을 든다는 기분이랄까? 그러다 항산화제 두 알, 오메가쓰리 두 알, 홍삼 농축액 한 숟갈 하는 식으로 먹는 약의 종류가 하나하나 늘어났다. 나이 먹은 티를 내는 것 같아 마음이 싸하지만, 뭐 어쩔 수 없지.

　　물론 여행 중에도 영양제는 꼭 챙긴다. 평소보다 훨씬 더 오래, 더 많이 걸어 다니고 움직이니까. 게다가 여기는 말레이시아인걸. 가만히 있어도 땀이 흐를 만치 덥고 습하다 보니 하루에 한두 그릇씩 꼬박꼬박 첸돌(빙수)을 챙겨 먹게 되는데, 얼음이 녹을세라 100미터 경주하듯 속도를 내어 퍼먹고 나면 뒷골이 땡하고 어느새 땀이 싹 마른다. 어 시원해! 하지만 입속만 시원해지는 게 아니라 뱃속까지 도에 지나치게 시원해진다는 게 문제다. 꾸르륵거리는 아랫배를 부여잡고 화장실로 달려가게 되곤 한다. 다리가 후들후들, 아까는 더워서 땀이 났는데 지금은 힘이 빠져 식은땀이 난다. 손을 씻으며 거울을 들여다보니, 어이구, 다크서클 이거 어떡하나. 내일모레면 마흔인데(믿을 수 없지만) 몸에 좋은 것 좀 챙겨 먹어야겠네. 오

늘 저녁은 무조건 '바꾸떼'다.

　밤을 잊은 채 환히 불을 밝히고 성업 중인 쿠알라룸푸르 시내 곳곳의 야시장 파사 말람Pasar malam에선 바꾸떼를 파는 식당을 쉽게 찾을 수 있다. 독특한 발음, 잊기 어려운 그 이름. 바꾸떼는 한자로 '肉骨茶'다. 육골차라니, 어쩜 이렇게 이름이 정직해? 말 그대로 육과 골, 즉 고기와 뼈를 오랜 시간 푹푹 끓인 국물이다. 팔각, 계피, 정향, 당귀, 마늘, 인삼, 구기자 등 다양한 한약재와 향신료도 함께 넣고 끓이기 때문에 몸에 좋은 보양식 역할을 한다고. 거참 괜찮네. 설렁탕이나 곰탕, 도가니탕처럼 아마도 쇠고기를 쓰는 거겠지? 그런데 놀랍게도 바꾸떼의 재료는 다양한 부위의 돼지고기와 뼈다. 이게 왜 놀랄 일이냐 하면, 이곳은 이슬람 국가인 말레이시아니까. 종교적인 이유로 돼지고기를 전혀 먹지 않는 모슬렘들이 웬일로 이런 음식을 만들어 파는 것일까? 향긋한 냄새를 폴폴 풍기는 바꾸떼 냄비 뚜껑을 열기 전에 일단 그 역사부터 한번 짚고 넘어가야겠다. 아, 저 국물, 식으면 안 되는데….

　지금으로부터 약 400여 년 전, 말레이시아에 고무 농장과 주석 광산 개발 붐이 거하게 일어나면서 부족한 노동력을 보충하기 위해 중국인 근로자들이 대거 이 나라로 몰려들었단다. 일은 힘들지, 날은 덥고 습하지.

고향을 떠나온 중국인들은 금세 몸이 약해져 앓아눕곤 했었는데 보양식을 먹으려 해도 가난한 처지다 보니 비싼 음식재료를 사기가 어려웠다고. 그러다 눈이 번쩍! 앞서 말했듯 말레이시아에선 이슬람의 교리에 따라 돼지고기를 먹지 않기 때문에 소나 닭 등 다른 육류에 비해 상대적으로 그 가격이 무척 쌌단다. 이가 없으면 잇몸으로, 비싼 고기가 없으면 싼 고기로! 커다란 솥에다 뭉텅뭉텅 큼직하게 썰어낸 고깃덩어리와 돼지 뼈, 다양한 부위의 내장을 넣고 향신료도 팍팍 넣어 세월아 네월아 푹 고아낸 진한 탕국물이 바로 바꾸떼다. 이 한 그릇이 오랜 세월 동안 수많은 노동자의 몸과 마음을 달래주었겠지.

　　나도 주문해볼까? 고기, 갈비뼈, 내장 등 원하는 부위를 이야기하면 그것 위주로 담아주는데, 딱히 가리는 것이 없다면 그냥 다 달라고 해도 된다. 여기에 공깃밥도 한 그릇 추가한다. 국수를 말아먹을 수도 있지만 제대로 먹으려면 역시 공깃밥이다. 잠시 후 질그릇 냄비가 하나 나오는데, 뚜껑을 열어보니 시커먼 국물이 가득하다. 이거 혹시 무지하게 짠 게 아닐까 식겁했는데 다행히 간이 딱 좋다. 바꾸떼에 넣는 중국 간장은 아주 검고 진하지만 짠맛이 강하지 않다. 돼지 내장도, 뼈에 붙은 살점도 모두 포옥 삶아 야들야들하고 부드럽다. 국물을 한 순갈 떠서 호로록 들이마시니 한약재와 고기를 우려낸 오묘한 맛이 입안 가득 밀려들어 나도 모르게 "어흐 시원하다"라는 소리를 내뱉게 된다. 참 내, 혼자 식사하

면서 별 소리를 다 내네. 내 안에 숨어 있는 아저씨를 깨우는 음식인 모양이다. 하지만 어흐, 정말 좋긴 좋다. 여기에 아주 작은 크기의 매운 고추인 칠리 파디chilli padi 다진 것을 곁들이면 입안이 알알하고 개운해진다. 뼈에 붙은 고깃점을 뜯고 국물을 호록호록 떠 마시기를 반복하다 공깃밥을 질그릇 냄비 한 가득 말았다. 캬 죽이네! 큼직하고 새큼한 설렁탕 집 깍두기가 그리워진다. 한 입, 또 한 입, 점점 가속도가 붙고 이마에선 땀이 줄줄 흐른다. 덥고 습한 곳에선 차가운 빙수보단 요런 뜨거운 국물이 좋은 거구나. 물론 입가심으론 또다시 첸돌을 한 그릇 먹고 싶지만.

부른 배를 안고서 얌전히 숙소로 들어가면 재미 없겠지? 느긋한 마음으로 어슬렁거리며 야시장 곳곳을 구경한다. 야시장이라곤 하지만 이런저런 물건들을 사고 파는 곳이 아니라 노천식당이 길게 쫙 늘어서 있는 먹자 골목이다. 바꾸떼를 비롯해 '사테이', '나시 고렝', '미 고렝' 등 다양한 음식들을 지글지글 굽고 볶고 튀기느라 사방에 맛있는 냄새와 연기가 펄펄. 밥 생각이 없는 사람도 홀린 듯 테이블에 앉게 될 정도로 유혹적이다.

모든 음식이 맛있지만 특히 말레이시아식 고기 꼬치구이인 사테이는 최고! 닭고기나 쇠고기를 한 입 크기로 잘라 기다란 나무 꼬치에 꿰어 숯불에다 지글

지글 구워낸 것인데, 사실 고기도 고기지만 여기에 곁들이는 소스가 무척 맛있다. 땅콩을 곱게 간 것에 라임 즙과 생강 다진 것, 소금과 설탕 등을 섞은 소스로 주 재료는 땅콩이지만 맛의 포인트는 생강. 바꾸떼를 먹어 배가 무척 부르면서도 숯불 위에서 지글거리는 사테이를 보니 괜히 설렌다. 와와 떠들면서 신나게 음식을 먹고 있는 수많은 사람들이 나를 부추기는 듯하다. 동네 사람들은 물론이고 여러 나라에서 온 듯한 다양한 인종의 여행자들까지 한마음 한뜻으로 야식을 먹는다. 거 참, 자정이 다 되었는데도 어쩜 저렇게들 맛있게 식사를 할까? 역시 먹는 즐거움이란 굉장하다. 내일 아침 얼굴이 팅팅 붓고 눈이 떠지지 않더라도 일단 먹고 봐야지 뭐.

고소하고 시원한 콩국물에 팜 슈거 시럽, 친차우가 듬뿍~ 오늘 아침은 이걸로!

틈만 나면
홀짝홀짝

1리터? 2리터? 혹은 그 이상? 매일 얼만큼의 물을 마셔야 하는지에 대해선 아직 정답이랄 게 없는 걸까? 무슨 무슨 연구소의 무슨 무슨 연구 팀들은 잊을 만하면 서로 다른 연구 결과들을 뉴스를 통해 보도하곤 한 다. 그럼 나보고 어쩌라고! 그냥 목 마를 때마다 꼴깍꼴깍 열심히 마셔야 지 뭐. 여행 중에는 많이 걷고 움직이기 때문인지 평소보다 배도 훨씬 더 자주 고프고 목도 자주 마르다. 특히 덥고 습한 곳에서라면 더하다. 어휴, 땀이 줄줄이야! 분명 조금 전 작은 생수병 하나를 싹 비웠는데 다시 갈증 이 나다니, 그러면서도 화장실 가는 횟수는 평소와 다를 것이 없다니 인 체의 신비란… 중얼중얼….

익숙한 글로벌 생수 브랜드도 좋고 커피나 차도 좋지만 이왕이면 생 소한 음료에 도전해 본다. 물론 언제나 성공할 수는 없지만(아아, 잊을 수 없 는 물파스 맛 탄산음료!) 운 좋게 입에 맞는 걸 발견하면 그게 또 그렇게 신이 난다. "니들은 이런 것 못 마셔 봤지?"라며 동네 방네 자랑하고 싶은, 초 등학생 같은 마음이랄까? 말레이시아에서도 뭐 재미난 음료수 없을까 하

며 이곳저곳을 기웃대고 다녔는데 운 좋게도 맛있는 것들을 여럿 발견해 회심의 미소를 지었다. 이 동네 사람들에겐 이미 흔할 대로 흔한 음료겠지만 그래도 마냥 신기하구먼. 여행 중엔 어린아이가 되는 기분이다. 주변의 모든 것이 다 새롭고 신기하다. 그 맛에 자꾸만 여행 가방을 꾸리는지도 모른다.

말이 많다, 마시자! 우선 가볍게 사탕수수 즙 '에어 테부'부터 한 잔. 얼핏 보면 푸릇한 대나무 같기도 한 사탕수수의 굵직한 줄기를 성둥성둥 잘라 착즙기에 밀어 넣는다. 팔과 손의 힘이 많이 필요한 100퍼센트 수동 착즙기다. 한 손으론 손잡이를 꽉 잡고 위 아래로 내렸다 올렸다를 반복하고, 다른 손으론 사탕수수 줄기를 힘주어 꾹꾹 밀어 넣으면 미세한 구멍이 뽕뽕 나 있는 단단한 스펀지 같은 느낌의 줄기 단면에서 은은한 연둣빛깔의 즙이 기세 좋게 쫙쫙 뿜어져 나온다. 어우 놀라라, 즙이 이렇게 그득하게 들어 있을 줄이야! 저 착즙기에다 거의 다 쓴 치약 튜브를 집어 넣으면 일주일 치 사용 분량쯤은 순식간에 짜 주겠지?

그나저나 연두색 음료라니 맛은 어떨까? 얼음 동동 띄운 사탕수수 즙에 빨대를 꽂아 넣고 한 모금 쭉 빨아들이니, 오호, 생각처럼 많이 달지 않고 이온음료처럼 조금 간간하기도 하다. 딱 적당한 단맛이라면 설명이 되려나. 하얀 정제 설탕이 들어간 음료 특유의 갈증도 나지 않는 걸 보니 자연 그대로의 먹을 거리가 역시 좋긴 좋다. 쇼핑몰의 푸드코트 등에선 미리 짜 놓은 즙을 페트병에 담아놓고 판매하기도 하지만, 이왕이면 눈 앞에

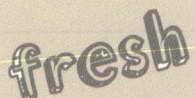

서 직접 짜 주는 것을 사 마셔야지. 싱싱하기도 하고, 무엇보다 재미있으니까! 그나저나 입에 착착 붙길래 신나게 쪽쪽 빨아 마시다 보니 금세 바닥이다. 아쉽다 아쉬워. 한국에서도 요걸 마실 수 있다면 참 좋을 텐데. 하지만 동남아시아나 인도, 남미 등 사탕수수를 재배하는 곳에서만 맛볼 수 있는 별미. 있을 때 많이 마시자.

이번에는 '친차우' 차례다. 사실 이건 음료가 아니라 젤리인데, 민트의 사촌격인 'Mesona chinensis'라는 어려운 이름의 허브 줄기 말린 것을 오랜 시간 달인 후 한천을 넣어 몽글몽글하게 굳힌 것이다. 이 허브는 약초로 통한다는데 한자로는 선초仙草, 즉 '신선이 먹는 풀'이라고 쓴단다. 그만큼 몸에 좋다는 소리겠지? 시커먼 색이며 은은한 한약 냄새까지, 정말 약 같기도 하다. 실제로 몸의 열을 내려주는 효능도 있다니 말레이시아처럼 더운 곳에선 딱이다. 사실 이곳 뿐 아니라 인도네시아, 대만, 태국, 베트남, 중국 등 많은 아시아 국가에서 친차우를 맛볼 수 있다.

말레이시아에선 요걸 깍둑깍둑 썰거나 가늘게 채쳐서 전통 빙수인 첸돌을 비롯한 이런저런 디저트에 넣어 먹곤 한다. 하지만 역시 콩국물과 함께 먹는 것이 최고! 진한 콩국물에다 친차우 채친 것을 듬뿍 넣고 갈색의 팜 슈거 시럽도 넣어 특유의 풍미 그득한 단맛을 추가한다. 빨대를 꽂아 쭉 빨아들이면 달콤하고 고소한 콩 국물과 몰캉몰캉한 친차우가 함께 입안으로 쏙! 요 음료를 '마이클 잭슨'이라고 부르기도 하는데, 그 이유는 검은색의 친차우와 하얀색의 콩국물이 만난 거라 마이클 잭슨의 히트곡 〈Black or White〉를 떠올리게 하기 때문이란다. 어이없는 설명에 피식 웃음이 나온다. 뭐 좋다. 그분을 추모하며 걸쭉하게 원샷! 친차우는 슈퍼

마켓에서 아주 흔하게 볼 수 있는데, 둥근 원통형의 비닐에 야무지게 채워 넣고 끝부분을 꽉 묶어 포장한 모양이 마치 순두부 같다. 쌉쌀한 약초 맛이 나는 기본적인 친차우뿐 아니라 딸기 향, 망고 향 등을 첨가한 것도 있는데 내 입맛엔 역시 오리지널에 한 표.

또 하나의 신기한 음료는 바로 '아삼 보이.' 이것 역시 친차우처럼 음료가 아니라 그 재료가 되는 음식으로 설탕과 소금에 절인 반건조 매실 열매를 의미한다. 꾸덕꾸덕한 열매를 입에 넣고 오물오물 씹으면 시고 짜고 달콤해 침이 쫙 고이면서 입맛이 확 도는데, 멀미를 하느라 속이 메슥거릴 때도 요걸 한 알 먹으면 개운하게 쑥 내려갈 정도다. 슈퍼마켓에서 아삼 보이를 찾으면 요 매실을 한 봉지 가져다 주지만 식당이나 호커 센터 등에서 아삼 보이를 찾으면 라임 주스에다 요걸 퐁당 빠트린 것을 한 잔 내어 준다. 말레이시아에선 즉석에서 짠 라임 과즙에 설탕을 듬뿍 넣고 얼음을 동동 띄운 상큼한 주스가 무척 흔한데, 여기에 매실 절임을 넣으니 달콤, 새콤, 짭짤한 게 마치 이온음료를 마시는 듯하다. 처음엔 "뭐 이런 게 다 있어"라는 말이 툭 튀어나올 정도로 생소한 맛이지만, 덥고 습한 날씨에 땀을 왕창 흘리고 나서 한잔 쭈욱 들이키면 말 그대로 '물보다 빠른 흡수'가 느껴진다. 피자헛 같은 패스트푸드 체인점에서도 아삼 보이를 팔 정도이니 그 인기는 굳이 설명할 필요가 없겠지.

거듭 말하지만 세상엔 생소한, 신기한, 재미난 음료들이 많다. 이러니 내가 여행을 멈출 수가 없다니까. 이 핑계로 오늘도 세계 지도를 펴놓고 요런 조런 꿍꿍이를 시작한다.

오호호호　오호호호

…그 외에도
꼬옥~ 추천하고 싶은
음료수가 있어용♡

바로얘! Sarsi !!!
어짜나~ 맛이 훌륭한지
막 권하고 싶네? 호호호

…가 아니라
마실만한게 못됨…

우웩

`사르사파릴라`라는 식물 뿌리 추출 음료임.
나름 강장제래요. 은근 마니아층도 있다나?

외국 친구가
맛있게 마시길래

도전해봤다가
뿜었어요 -.-

물파스에 감기약 섞은맛 ㅋㅋ

Belize

벨리즈 나라 소개!

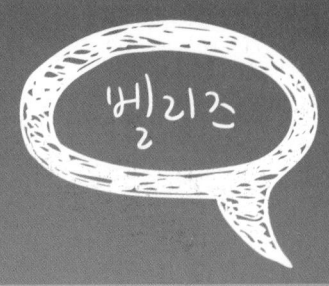
벨리즈

아이고, 살다 보니 이런 일도 생기네. 한국 교육방송 EBS의 〈세계테마기행〉에 출연하게 되다니! 담당 PD를 만나 어리벙벙하게 고개를 끄덕이고 어리벙벙하게 짐가방을 꾸려 어리벙벙하게 비행기에 올랐다. 그렇게 하나부터 열까지 전부 생소한 나라 벨리즈로 출발! 가족과 친구들에게 "나 벨리즈에 가게 됐어"라고 말하니 열에 아홉, 아니 열 명이 전부 고스란히 되묻는다. "뭐? 어딜 간다고?" 심지어 방금 지어낸 이름 아니냐며, 거짓말하지 말라면서 웃는 친구도 있다. 너무하네, 평소에 내가 그렇게 신뢰를 주지 못했던 거야? 세계 지도를 손가락으로 훑어가며 어렵사리 찾아보니 벨리즈는 멕시코와 과테말라 사이에 자리 잡고 있는 아주 작은 나라다. 지난 1981년 독립한 푸릇푸릇한 신생국이라 어딜 가든 자랑스레 걸어둔 국기를 볼 수 있다. 감정 표현 풍부한 사람들, 마음 따뜻한 사람들, 무엇보다 제대로 놀 줄 아는 사람들이 가득한 곳. 어디서든 음악이 흘러나오면 냅다 달려나와 엉덩이를 신나게 흔들 준비가 되어 있는 곳 벨리즈. 그곳의 맛있는 이야기를 풀어 볼까나!

푸짐한 새우 부리토와 구수한 라이스 앤 빈스 한 접시. 보기만 해도 마음이 풍요로워지네.

구수한 그 맛,
라이스 앤 빈스

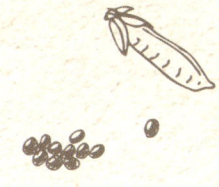

직접 가보지 않고서도 마치 몇 번이나 여행을 다녀온 것처럼 그 나라는 뭐가 유명하다지, 뭐가 맛있다지, 사람들은 어떻고 날씨는 어떻다지 하며 어느 정도까지는 얄팍하게나마 주절주절 떠들 수 있다. 어떻게? 그야 인터넷이 있으니까. 키보드만 몇 번 두드리고 마우스만 몇 번 딸각대는 것으로도 금세 정보가 한 아름이다.

하지만 벨리즈라면? 촬영 여행을 제안받으며 비로소 처음 듣게 된 이름인걸. 거기가 대체 어딘데? 벨리즈라는 나라에 가게 되었다는 내 말에 한 친구는 심지어 '없는 나라를 만들어 장난치는 것 아니냐'는 소리까지 했을 정도다. 상황이 그렇다 보니 여행 정보를 얻기도 쉽지 않아, 결국엔 거의 백지 상태로 벨리즈 땅에 발을 디디게 되었다는 난감한 이야기. 에이, 뭐 어떻게든 되겠지. 이 나라 사람들도 밥은 먹을 것 아냐? 같은 밥을 먹고 같은 물을 마시고 같은 길을 걸어다니다 보면 조금씩 조금씩 눈이 떠질 거라는 자신감으로 출발한다. 어디, 당신들이 제일 많이 먹는 음식 나도 좀 같이 먹어봅시다!

벨리즈의 주식은 '라이스 앤 빈스 Belizean rice and beans'다. 쌀과 콩이라니, 그럼 콩밥? 여기서 말하는 '빈'은 레드 빈 red bean, 즉 팥이다.

오, 그럼 팥밥? 맞긴 한데, 조리법도 재료도 맛도 우리가 생각하는 팥밥과는 좀 차이가 있다. 우선 물에 담가 퉁퉁 불려놓은 쌀과 다진 마늘, 다진 양파를 냄비에 넣고 물을 부어 팥이 으깨질 정도로 푹 익힌다. 여기에 소금과 후추를 넣어 간간하게 간을 하고, 코코넛 밀크를 넣어 부드럽고 향긋하고 느끼한 맛을 더해준다. 마지막으로 흰 쌀밥을 고슬고슬하게 지어 넣고 잘 섞으면 완성. 재료가 재료다 보니 구수하고 향긋하며 짭짤하고 고소한 맛이 난다. 우리가 주로 먹는 찰기 있는 쌀로 지었다면 자칫 질척질척하고 느끼할 수도 있을 텐데 벨리즈에선 바람이 불면 폴폴 날릴 듯한 찰기 없는 쌀을 쓰기 때문에 완성된 음식의 맛, 질감의 균형이 절묘하게 맞는다. 슈퍼마켓이나 재래시장, 어디로 장을 보러 가든 쌀과 팥은 가장 눈에 잘 띄는 명당자리에 자리 잡고 있다. 벨리즈인들의 주식 대접을 제대로 받는 것이다.

요 라이스 앤 빈스만 한 접시 가득 퍼 담아 야금야금 먹어도 매우 맛있지만 벨리즈인들은 요걸 이런저런 음식에 두루두루 곁들여 먹는다. 어떤 음식들이냐고? 말 그대로 모든 음식! 식당에서 어떤 메뉴를 주문하든 라이스 앤 빈스는 그 뒤를 졸졸 따라나온다. 카리브해 연안 국가답게 싱싱하고 통실통실한 새우 살이 듬뿍 든 새우 부리토를 주문해도, 중남미 특유의 크리올Creole 스타일로 매콤하고 알알하게 볶아낸 바닷가재 요리를 주문해도, 바삭한 닭튀김과 차가운 맥주를 주문해도 라이스 앤 빈스는 언제나 함께 등장! 이쯤 되면 벨리즈 공깃밥이라고 해도 되겠다.

게다가 양도 무척 많다. 이 나라 인심 좋네. 거기에 플란테인 튀김도 라이스 앤 빈스처럼 여러 가지 음식에 거의 항상 곁들여지니 1인분 치고는 양이 어마어마한 편. 여행 첫날엔 이 많은 걸 어떻게 다 먹느냐며 헉헉댔는데 며칠 지나자 위가 늘어났는지 모든 접시를 싹싹 비우게 되었다. 이런 현지 적응력은 별로 달갑지 않지만, 뭐, 맛있으니 할 수 없지.

라이스 앤 빈스의 뒤를 이어 제2의 공깃밥 자리에 오른 플란테인이란 굵직한 초록색 바나나를 말한다. 얼마나 굵직한가 하면 어지간한 돼지호박 정도인데다 길이도 팔뚝만 하다. 코를 가까이 가져다 대고 쿵쿵 냄

새를 맡아보면 달콤한 과일 향기 대신 채소에서나 날 법한 풋내가 폴폴 풍긴다. 날것으로는 먹지 않기 때문에 끓는 물에 삶거나 쪄서 으깨어 먹기도 하고, 그릴에 올려 지글지글 굽거나 오븐구이를 해 먹는 등 다양한 방법으로 조리할 수 있지만 가장 흔한 것은 역시 튀김이다. 이게 또 무척 맛이 좋아 입에서 떼놓기가 어렵다. 사실 일단 기름에 튀기면 어지간한 재료는 다 맛있어지긴 하지만. 어쨌든 요 플랜테인은 라이스 앤 빈스와 더불어 벨리즈 사람들의 넉넉한 체형을 만들어준 일등공신이겠지? 내 뱃살에도 일조할 텐데 큰일이네. 물론 그런 걱정이 된다고 해서 먹지 않을 건 아니지만. 정말 맛있거든요!

라이스 앤 빈스는 특히 인기 최고의 길거리 음식인 드럼통 바비큐를 먹을 때 그 진가가 발휘된다. 고기를 먹을 때 밥이 빠지면 허전해서 안 되니까. 벨리즈 거리를 어슬렁대다 보면 종종 심금을 울리는 향기가 풍겨와 이성을 잃게 되곤 한다. 앗, 이 아름다운 냄새는 뭐지? 잽싸게 주변을 둘러보면 골목 안쪽에서 흰 연기를 내뿜으며 고기를 굽고 있는 사람들을 금세 발견할 수 있는데, 드럼통을 반으로 갈라서 안에다 숯불을 피워 넣은 다음 위에 철망을 얹어 돼지 어깨살이라던가 닭다리, 돼지 등뼈 등을 지글지글 굽

는 모습에 정신이 혼미해진다. 손톱을 물어
뜯는 장고 끝에 어렵사리 고기 한 가지를 고
르면 직접 만들었다는 바비큐 소스를 척척
발라 일회용 도시락(우리의 것과는 용량의 차원이
다르다)에 코울슬로 샐러드와 함께 푸짐하게
담아주고 라이스 앤 빈스도 한 주걱 듬뿍 퍼
서 넣어준다. 샐러드도 라이스 앤 빈스도 모
두 집에서 미리 만들어 왔단다. 커다란 들통
의 뚜껑을 열어 보여주길래 속을 들여다보니
구수한 냄새를 풍기는 밥이 한가득이다. 역시
벨리즈의 넘버원 주식.

　　그런데 사실 라이스 앤 빈스는 벨리즈만
의 음식이라고 말할 수 없다. 라틴 아메리카
의 여러 국가, 그중에서도 특히 카리브해 연
안에서 두루두루 먹기 때문이다. 재료는 나
라마다 조금씩 차이가 있는데 검은콩이나 강

낭콩, 동부콩 등 지역별로 잘 자라는 작물이 주로 쓰인다. 벨리즈에선 그
게 팥인 모양. 라이스 앤 빈스 외에도 이 지역의 많은 음식들이 벨리즈 고
유의 전통 음식이라기보단 카리브해 연안의 공통된 음식문화를 반영하고
있다. 게다가 이 나라는 경상남북도를 합친 정도의 아담한 영토에 예닐곱
민족이 평화롭게 섞여 지내는 곳이라(놀랄 만큼 분쟁이 없다고) 민족 구성만
큼 음식문화도 무척 다양하다. 차를 타고 조금만 가면 얼굴색도, 언어도,
음식도 갑자기 확 달라진다. 와, 이런 흥미진진한 나라가 있었다니! 이름
부터 생소한 나라 벨리즈 여행, 지금부터 시작이다.

우리나라게선 귀한 라임이 한가득. 주스로 마시면 기막히다.

아침부터
넘치는 칼로리

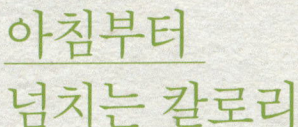

　　그다지 깔끔떠는 성격이 아닌데다(자랑은 아닙니다) 머리만 대면 아무 데서나 금세 쿨쿨 잠드는 능력까지 갖추고 있다 보니 배낭여행에 최적화된 체질이라는 이야기를 종종 듣는다. 정말 그런가? 생각해보니 딱히 까다롭지도 않잖아. 여행하다 보면 기차가 연착될 수도 있고, 버스가 취소될 수도 있고, 비를 맞을 수도 있고 뭐 다 그런 거지. 야, 성격 아주 좋네! 하지만 그럼에도 절대로 포기할 수 없는 것이 한 가지 있으니, 바로 아침 식사다. 절대로, 반드시, 꼭 아침밥은 먹어야 한다. 오죽하면 몇 년 전에 쓴 내 책의 제목이 『배고프면 화나는 그녀, 여행을 떠나다』겠는가.

　　벨리즈의 아침 식사는 다행히 입에 착착 붙는다. 닭고기나 쇠고기 익힌 것을 결대로 쪽쪽 찢어 옥수수 가루 반죽으로 만든 손바닥만 한 또르띠야에 얹은 다음 돌돌 만 타코를 길거리 노점에서 서너 개씩 사다가 길에 선 채로 꿀떡꿀떡 먹어도 되고, 아침 식사 메뉴를 갖춘 카페나 레스토랑에서 제대로 자리를 잡고 앉아 식사해도 된다. 벨리즈에선 뭘 먹든 모두 꽤 고열량 음식들이다. 아침이니까 이 정도는 먹어줘야지. 그래야 힘

내서 온종일 여기저기 돌아다닐 것 아냐. 문제는 그런 논리로 점심도 저녁도 거하게 먹는다는 것이지만.

　가게에 들어가 앉아 아침 식사를 주문하면 곧 커다랗고 둥근 접시에 다양한 음식들을 가득 담아 가져다준다. 둥그런 조니케이크 혹은 프라이잭, 으깬 콩 리프라이드 빈스, 팬케이크와 달걀부침, 소시지, 베이컨, 감자튀김 등이 푸짐하다. 거기에 바나나라던가 파파야, 파인애플 등 열대과일과 달콤한 시럽을 듬뿍 끼얹은 프렌치토스트가 더해지기도 한다. 얼핏 봐선 흔한 서양식 아침 메뉴 같지만 그 안에 벨리즈만의 특색이 있다.

　우선 조니케이크부터 살펴볼까? 주먹만 한 둥그런 빵인데 마치 KFC에서 파는 비스킷이나 스콘 같은 모양새다. 벨리즈를 비롯해 카리브해 연안의 여러 나라에서 아침 식사 때 주로 먹는 빵이란다. 물론 먹고 싶다면 엿장수 마음대로 하루 중 언제든지 사먹거나 만들어 먹을 수 있다. 출출할 때 길거리 가판대에서 요걸 간식 삼아 사먹는 사람들이 많은데, 반죽을 굽는 대신 팬케이크처럼 얇게 부쳐서 팔기도 한다. 어느 쪽이든 꽤 기름지고 향긋하다. 손으로 만지면 기름이 잔뜩 묻어나는데 그도 그럴 것

이 조니케이크를 만들기 위해선 밀가루 1kg 기준으로 쇼트닝이 120g, 코코넛 크림(코코넛 밀크보다 더 진하다)이 250g이나 들어가기 때문. 열량은 뭐군이 말할 필요도 없겠다. 여기에다 버터와 잼을 발라 먹으니 어이쿠, 보기만 해도 살이 찌는 느낌. 하지만 주문하는 즉시 구워 주기 때문에 그 노릇한 때깔이며 환상적인 냄새를 거부한다는 건 절대 있을 수 없는 일!

워낙 맛이 좋아 만드는 방법을 자세히 배워 왔는데 재료만 준비한다면 조리법은 무척 간단한 편이다. 우선 밀가루와 베이킹파우더, 적당량의 소금을 섞은 다음 쇼트닝(벨리즈에선 가격 문제로 버터 대신 쇼트닝을 주로 쓴다)을 넣어 조물조물 반죽한다. 여기에 코코넛 크림을 몇 번에 걸쳐 나누어 부어가며 섞으면 조니케이크 반죽 완성. 요걸 골프공 크기로 떼어 둥글린 후 10분가량 잠시 놓아두었다가 위아래를 살짝 납작하게 눌러 모양을 잡는다. 약 220도로 예열해 놓은 오븐에 넣고 금갈색이 곱게 돌 때까지 구우면 끝. 대략 15분 정도면 맛있게 익는다. 조니케이크가 뜨거울 때 반으로 갈라(김이 폴폴 솟아오른다) 버터와 잼을 듬뿍 발라먹기도 하고, 달걀부침과 햄을 끼워 샌드위치로 만들기도 한다. 어떻게 먹든 맛이 좋다. 그리고

어떻게 먹든 배가 나온다.

조니케이크 대신 프라이 잭도 괜찮다. 이것 역시 벨리즈에서 흔히 먹을 수 있는 아침 식사용 빵의 하나인데, 조니케이크가 오븐에서 굽는 거라면 프라이 잭은 끓는 기름 솥에서 튀겨낸다는 차이가 있다. 간단히 말하자면 밀가루 반죽을 바삭바삭하게 갈색이 돌도록 튀긴 것인데 쇼트닝과 밀가루, 약간의 소금과 베이킹파우더로 만드는 반죽이니 조니케이크의 재료와 크게 다르지 않다. 코코넛 크림이 들어가지 않는 정도의 차이일 뿐. 모든 재료를 꾹꾹 눌러 잘 반죽한 다음 밀대로 너무 얇지 않게 밀어서 네모지게 잘라 끓는 기름 솥에 집어넣으면 순식간에 둥실둥실 부풀어 오른다. 프라이 잭 완성!

이 음식은 벨리즈뿐 아니라 세계 곳곳에서 거의 같은 재료와 같은 조리법으로 만들고 있는데, 중국에선 이걸 요우티아오라고 부르며 따끈한

콩국물에 찍어 아침 식사로 즐겨 먹는다. 미국 뉴올리언스에서는 벤예이라고 하는데, 바삭한 튀김 빵 위에 가루 설탕을 마치 눈이 내린 것처럼 아주 듬뿍 뿌려 얹어 커피와 함께 먹는다. 인도에선 뿌리라고 불린다. 따끈바삭할 때 찢어서 카레에 찍어 먹는다. 그럼 벨리즈에선? 잼과 버터를 발라 먹거나 짭짤한 음식을 곁들여 먹는다. 접시 위에 가득한 소시지며 베이컨 등등과 잘 어울린다. 특히 밤새 퉁퉁 불렸다가 푹 삶아서 으깬 콩 리프라이드 빈스와의 궁합은 최고다. 벨리즈와 국경을 마주하고 있는 멕시코의 전통 음식이다. 으깬 콩치고는

꽤 기름진 맛이 나 입에 착착 붙는데, 알고 보니 역시나 으깬 후에 라드(돼지 지방을 녹인 기름)를 듬뿍 넣어 한 번 더 익힌 거란다. 고열량은 맛있다는 가슴 아픈 진리를 재확인하는 순간이다.

아이고, 아침부터 너무 느끼했나? 상큼하고 시원한 과일 주스가 간절하다. 길거리에서도 가게에서도 즉석에서 짜주는 오렌지 주스라던가 수박 주스 한 잔이면 기분까지 상큼해지는 느낌. 잠이 덜 깼을 때 들이키면 정신이 번쩍 든다. 특히 라임주스 맛이 그렇게 기가 막힌데, 우리나라에선 귀한 몸이지만 벨리즈에선 이보다 흔할 수 없을 정도로 사방에 널려 있는 과일이라 값도 무척 싸다. 요 골프공만한 초록색 라임을 반으로 갈라 즙을 쭉쭉 짜내어 찬물에 희석한 다음 사탕수수 설탕 시럽을 듬뿍 넣

어 마시면 상큼하고 새콤하고 달콤한 맛에 갈증이 확 가신다. 야, 이거 우리나라에서 팔면 엄청나게 대박날 텐데! 하지만 라임 값을 생각하면 부질없는 상상이다. 뭐, 두고 보자고. 언젠가는 바나나처럼 흔해질지도 모르잖아? 어릴 적엔 그렇게 귀하던 바나나가 지금은 무척이나 만만해졌으니까… 푸짐한 벨리즈식 아침 식사를 맛있게 먹으며 잠시 상상의 나래를 펴 본다.

동네 식당의 소박한 부엌. 여기서 가리푸나 전통 음식을 배웠죠!

엉덩이가 들썩들썩
카리푸나 파워

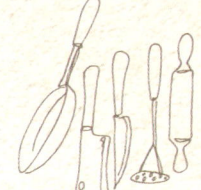

　메스티조Mestizo, 크리올Kriol, 마야Maya, 가리푸나Garifuna, 메노나이트 Mennonite. 생소한 이름들이다. 이게 다 뭐냐고? 벨리즈 땅에 함께 사는 여러 민족이다. 거기에 스페인 사람과 인도인, 그리고 세계 어디에나 있는 중국인까지(물론 중국 식당도 여러 곳 있다) 이 다양한 민족이 한 나라 안에 모여 산다는 사실은 들어도 들어도, 봐도 봐도 계속 신기하다. 땅덩이가 넓기나 하면 말을 안 해, 멕시코와 과테말라 사이에 끼어 있는 요 조그만 나라에서 이게 웬일이래. 덕분에 그만치 다양한 음식들을 맛볼 수 있으니 나로선 그저 감사할 뿐이다.

　렌터카를 몰아 벨리즈의 남쪽, 스탠 크릭 주로 내려간다. 지도상으론 무척 가까워 보이고 실제로도 가까운 거리지만 치질 환자는 엄두도 내지 못할 정도로 요철이 심한 비포장도로를 달려가야 하는데다 주변 중남미 국가들처럼 벨리즈 역시 치안이 불안한 편이라 중간 중간 군인들이 총을 들이대며 검문하기 때문에 한도 끝도 없이 멀게만 느껴지는 길이다. 여차여차 스탠 크릭에 도착하니 어머나, 길거리의 모든 사람들이 나를 쳐

아마추어 화가 엘리자베스 아주머니. 화려한 원색으로 가리푸나의 모습을 그린다.(사진 오른쪽)

다보네! 과장이 아니라 정말로 모두의 시선이 집중된다. 내가 예뻐서? 그런 거라면 참 좋겠지만 아마도 아직까진 흔치 않은 동양 여행자이기 때문이겠지. 이 지역에선 동양인은 말할 것도 없고 백인을 찾아보는 것도 상당히 어려우니까. 다들 새까만 피부와 곱슬머리, 커다란 눈을 가졌다. 바로 가리푸나인이다. 17세기 중반, 거센 풍랑을 만난 아프리카 노예선이 카리브해 연안에 표류하게 되었는데 배에 타고 있던 노예들이 탈출한 후 이 지역 곳곳에 정착해 무리지어 살게 된 것이 그 시작이다. 현재는 과테말라, 온두라스, 그리고 벨리즈 등에 두루 거주하고 있다. 벨리즈엔 약 1만 6천 명가량의 가리푸나인들이 사는데, 인구의 6퍼센트가량 된다고 한다.

벨리즈의 공용어는 영어이지만 다양한 민족들이 각자의 고유한 언어를 보존해 나가고 있는데, 가리푸나인 역시 그들만의 언어를 사용한다. 바로 가리푸나어다. 아프리카어와 카리브어, 그리고 식민지 시대의 영향으로 스페인어와 프랑스어까지 조금씩 가미된 가리푸나어는 2001년 유네스코 세계 문화유산으로 지정되었다. 축하해요!

그뿐인가, 그들만의 음악과 춤 역시 같은 해 세계 문화유산이 되었는데 사슴이나 염소 가죽을 이용해 만든 북을 손바닥으로 타다다다 두드리며 부르는 구성진 노래, 엉덩이와 골반을 정신없이 흔들며 파도 타듯 기가 막히게 리듬을 타는 춤은 말로 표현하기 어려울 정도로 몸에 착착 감기는 맛이 있다. TV 카메라로 촬영을 하든 말든 결국 나까지 함께 엉덩이를 실룩대면서 정신없이 춤을 추었을 정도니 말 다했지. 물론 이성을 되찾고 난 후엔 제발 영상을 지워달라며 땡깡을 부렸지만 말이다. 매년 가을마다 예외

없이 허리케인이 가리푸나인들의 보금자리인 스탠 크릭을 덮쳐 집이며 가구며 할 것 없이 모든 것을 쓸어버리지만(미리 짐을 싸서 내륙으로 피난을 갔다 돌아오고를 매년 반복한단다), 그런 악조건 속에서도 음악과 춤을 통해 인생을 즐기는 모습을 보면 내가 너무 진지하고 심각하게 인생을 사는 건 아닌가 돌아보게 된다. 내 미간에 잡힌 표정 주름이 왠지 민망하다.

말이 너무 길어진다. 맛난 음식 얘기만 해도 모자랄 판인걸. 담당 PD의 섭외로 운 좋게 가리푸나의 전통 음식 조리법을 배우게 되었다. 장소는 동네 식당의 좁은 주방, 선생님은 물론 그 식당의 주방장. 우선 푸릇푸릇하고 굵직한 바나나인 플란테인 껍질을 벗긴다. 워낙 두텁고 질겨 맨손으로 벗기기는 힘들고(손톱 부러트리기 딱 좋다) 칼집을 깊게 넣어 쭉쭉 갈라서 벗겨야 한다. 냄비에다 물을 팔팔 끓인 후 요 바나나 속살을 넣고 소금을 살짝 쳐 뚜껑을 덮은 채 20분가량 푹푹 삶는데, 그렇게 오래 삶으면 완전히 뭉그러지는 건 아닐까 걱정했지만 웬걸, 원래 모양 그대로다. 플란테인을 건져내어 전통 나무절구 하나Hana에 넣고 쿵쿵 찧어 한 덩어리로 만들면 조리 끝. 참 쉽죠? 그런데 문제는 기다린 절굿공이로 플란테인을 밑도 끝도 없이 찧고 또 찧어야 한다는 것이다. 으깨진 과육이 서로 쫙쫙 딜라붙어 하나의 노란 떡 같은 덩어리가 될 때까지다. 이마에 땀이 흐르고 팔뚝이 아리기 시작해 "어이구 죽겠다" 소리를 내뱉자 건장한 남성인 카메라 감독이 뭐 그 정도로 엄살이 나며 카메라를 내려놓고 슥 나섰다가 스무 번쯤 찧어보고는 "야 이거 장난 아니네"라며 쩔쩔맨다. 거 봐요!

우여곡절 끝에 완성된 후두트. 밥이나 빵 대신 이런저런 음식에 곁들이는 가리푸나인의 주식이다. 그런데 이렇게 만들기 어려워서야, 식당에서 누가 후두트를 주문하면 짜증이 벌컥 날 것 같은걸.

후두트와 함께 먹을 따끈한 국물 요리도 만들어야지. 요리 선생님이 어제 낚았다는 레드 슈내퍼(붉돔)red snapper를 냉장고에서 꺼내왔다. 이걸로 수프를 끓일 거란다. 벨리즈에선 생선이 필요하면 낚시를 하면 되는 거구나. 어쩌면 당연한 소리인데 도시 촌년의 귀엔 마냥 신기하게 들린다. 소금과 후추로 밑간을 한 생선살을 기름 넉넉히 부은 프라이팬에 넣고 앞뒤로 바글바글 튀겨놓은 후 수프 국물을 준비한다. 우선 커다란 식칼로 마른 코코넛 열매를 통통 쳐서 반으로 가른 다음 딱딱하고 흰 속살을 득득 갈아내는데, 못쓰게 된 냄비를 두드려 편 다음 송곳으로 하나하나 구멍을 뚫어 만든 강판을 이용한다. 코코넛을 갈다가 조금만 방심하면 손가락쯤은 가볍게 갈려버릴 듯, 무시무시한 무기 같은 강판이다. 엄연한 식당 주방에서도 이런 수제작 조리도구를 쓰는 걸 보니 일반 가정집의 사정은 더 열악하겠지 싶다. 득득 갈아낸 코코넛 과육에다 물을 쪼르르 붓고 쌀 씻듯 빡빡 주무르다 힘주어 꾹꾹 짜면 뽀얀 코코넛 밀크가 흘러나온다. 아주 향기롭다. 여기에 닭 육수를 좀 붓고 소금과 후추, 다진 마늘 등으로 간을 한 다음 바질 잎을 뜯어 넣어 향기를 더한다. 그런데 바질은 어디에? 선생님께서 "잠깐만 있어봐" 하며 가게 밖 길가로 나가더니 쭈그리고 앉아 길가에 난 풀을 툭툭 뜯어서 들고 온다. 세상에, 뒷마당에 심어 놓은 것도 아니고 완전히 야생 바질이잖아! 또 한 번 멍해진다. 여차여차 수프가 다 끓으면 미리 튀겨놓은 생선을 집어넣고 한 번 더 바르르 끓여 완성. 차진 후두트 덩어리를 손으로 뚝 떼어서 요 수프 국물에 찍어 먹으니 짭짤 고소하면서 기름진 게 입에 착착 붙는다. 뭐니뭐니 해도 함께 만든 거라(과연 내가 도움되긴 했을까 싶지만) 더욱 맛있게 느껴진다. 캬~.

야자수 그늘에서 후두트와 생선 수프를 먹고 맥주 한 병을 꿀꺽꿀꺽 마시다 보니 한 병이 세 병 되고 어느새 해가 저문다. 느긋한 기분이 든다. 벨리즈를 여행하며 참 많이 들었던 말 중 하나는 'Go slow'다. 음식을 재촉할 때마다, 서둘러 길을 걸을 때마다 사람들은 나에게 뭐가 그리 급하냐며 "Go slow, 천천히 가도 되잖아"라고 말한다. 맥주를 마시며 친해진 가리푸나인 아저씨가 이런 말을 툭 던진다.

"내 부모님은 더 나은 삶을 위해 나를 미국으로 유학 보내셨지만, 난 더 나은 삶을 위해 다시 벨리즈로 돌아왔어."

ㅋㅋㅋㅋㅋ
ㅋㅋㅋㅋㅋ

땀뻘뻘

아오!!
필받았어!!

유네스코 문화유산인
가리푸나 음악과 춤~
저도 필받아서 주접 ㅋ

타다닥
타다닥
타다다닥

이거!
거북이
등껍질로
만든거임

목에 걸고 냅다 두드리기~
누구나 연주 가능한 난이도 ㅎㅎ

일일이 손으로 만든
멋진 전통악기들~ 요 드럼도 멋있어요♡

이건 진짜!
춤을 안출수가 없엉~

가리푸나 음악 ~ 최고최고 최고 최고

전기가 들어오지 않는 마야인 마을. 곧 해가 지고 나면 사방은 온통 반딧불로 반짝일 것이다.

전설 속의
마야인을 만나다

　'마야Maya' 하면 왠지 고대 문명이라든가 비밀 가득한 그 무엇, 거대한 유적지, 산 사람을 제물로 바쳤다는 이야기, 신비한 고대 마법 등의 이미지가 퐁퐁 떠오른다. 한마디로 말해 전설 속에나 존재하는 옛이야기라는 느낌. 그런데 이게 웬일이야? 벨리즈엔 적지 않은 마야인들이 버젓이 마을을 이루어 오손도손 살고 있다는 사실에 깜짝 놀랐다! 세상에, 죄송합니다. 미처 몰랐어요! 마야인은 벨리즈 인구의 약 11퍼센트 정도를 차지하고 있는 아주 긴 역사를 가진 중남미 원주민이다. 즉 이곳은 원래 이들의 땅이라는 소리. 현재는 소수 민족 취급을 받으며 나 같은 애한테 "전설 속에나 존재하는 사람들 아니냐"는 억울한 소리나 들어야 한다니, 거듭 나의 무지를 사죄해야겠다. 많이 죄송합니다.

　차를 타고 울퉁불퉁한 길을 한참 달려 산속 깊은 곳까지 들어가니 갑작스레 조용하고 평화로워 보이는 마을 입구가 나온다. 전부 자연 재료로 지은 것이 분명한 둥그스름한 지붕의 집들이 사랑스럽다고 생각하는 순간, 갑자기 한 떼의 사람들이 양손에 풀잎을 엮어 짠 바구니며 색색의 팔

찌, 컵받침 등의 공예품을 가득 들고서 달려나와 차 앞을 가로막는다. 앞다투어 자기 것을 사라고 내미는 모습이 당황스러워, 취재를 위해 온 것이니 일을 마치고 나서 구경하겠다고 말했지만 지금 당장 사라며 꽤 난폭하게 물건을 들이밀고 소리를 지른다.

난감하다. 마야인의 첫인상이 왜 이 모양인가. 엄청난 소리의 악다구니를 어렵사리 뒤로 하고 울적한 마음으로 일단 마을 안으로 들어가 조심스레 이곳저곳을 둘러보다 3대가 대가족을 이루어 모여 사는 한 가정의 초대를 받았다. 이게 웬 떡! 집 안으로 들어가니 공중에 매달아 놓은 해먹 여러 개가 제일 먼저 눈에 띈다. 이게 침대란다. 그러고 보니 바닥은 그냥 흙바닥, 신발을 벗을 필요가 없다.

여긴 전구가 없나? 실내가 무척 어두워 잠시 눈이 침침해진다. 인상을 쓰며 자세히 보니 집안 곳곳엔 옥수수가 가득했다. 갓 수확했는지 촉촉한 것, 딱딱하게 말린 것, 파종용 씨앗, 씨앗을 훑어내고 난 옥수숫대 등을 보니 마야인들은 어지간히 옥수수를 좋아하는 모양이다. 그런데 간식인 줄만 알았던 옥수수가 실은 그들의 주식이다. 호박과 콩, 매운 고추 등도 많이 먹지만 그래도 역시 옥수수의 비중은 함부로 넘볼 수 없을 정도다. 고대 마야 신화에는 긴 얼굴과 넓은 이마, 머리끝에 술이 달린 모습을 한 신이 등장한다고 한다. 어라, 딱 옥수수 모양인걸? 그뿐 아니라 마야 신화에 의하면 신이 인간을 만들 때 옥수수 가루에다 물을 섞어 빚어서 만들었다고 하니 (맛있겠다) 그만큼 마야인에겐 생명과 직결되는 중요한 작물인 셈이다. 옛날 옛적엔 하도 옥수수만 줄곧 먹어 펠라그라pellagra라는 특수한 병에 걸리는 사람들이 아주 많았단다. 옥수수에 비타민 B군의 흡수를 방해하는 성분이 있기 때문인데, 마야인들뿐 아니라 과일이나 고기와 기타 곡류 등이 매우 부족한 다른 지역(주로 아프리카)에서도 마찬가지로 같은 질병이 큰 문제가 되었다고 한다. 현재는 소석회 같은 알칼리 성분을 소량 첨가해 조리하는 등의 방법을 통해 상당 부분 해결이 되었다니 정말 다행이다!

　　두리번두리번 집안 구경을 하는 사이 파란색과 초록색의 전통 의상을 입은 아주머니들이 아궁이 앞에 앉아 요리를 시작하는 듯하길래 잽싸게 후다닥 달려가 옆에 바짝 붙어 구경을 시작했다. 우선 밤새 물에 불렸다는 말린 옥수수 알을 그라인더에 넣고 득득 갈아준다. 물론 수동이다. 이 지역엔 전기가 들어오지 않는다. 다 갈아낸 후엔 다시 한번, 그렇게 두 번 갈아서 고운 가루를 만든 후 여기에 물을 조금씩 부어가며 꾹꾹 눌러 반죽한 다음 경단만 한 크기로 떼어내 둥글넓적하고 얇게 펴서 아궁이 위의 널찍한 쇠 팬에 올려놓고 앞뒤로 노릇하게 구우면 되는 것인데, 반죽을 얇게 펴는 일이 말이나 생각처럼 쉽지 않다는 게 문제다. 손끝으로 살살 밀어 만두피보다 좀 더

크게 만들어야 하지만 내가 손을 대는 족족 걸레가 탄생한다. 찰기가 없는 옥수수 반죽이라는 게 참 까다로운 거구나. 아 맞아, 난 송편도 만두도 항상 이 모양이지. 그럼 내 문제로구나. 어쨌든 뜨거운 팬에다 앞면 뒷면을 노릇하게 구우면 반죽이 공갈빵처럼 빵빵하게 부푸는데, 그때 손톱 끝으로 콕 찍어 공기를 빼 다시 납작하게 만든다. 이게 바로 옥수수 또르띠야다. 구수한 냄새가 아주 그만이다.

　남자들은 주로 농사일을, 여자들은 살림과 육아를 담당하다 보니 대낮엔 집 안에 온통 여자와 아이들만 가득하다. 몇몇은 또르띠야를 쉴 새 없이 굽고, 몇몇은 옥수수 알갱이를 뜯어내 건사하고, 또 몇몇은 공예품 만들기 삼매경이다. 그와 동시에 아이를 안고 업고 하며 육아도 병행한다. 다들 무척 바쁘다. 대가족이다 보니 또르띠야도 한두 장 구워서 될 게 아니다. 끼니 때마다 산더미처럼 가득가득 구워낸다. 순수하고 다정한 아주머니들 옆에 쭈그리고 앉아 음식 만드는 걸 도우며(엄밀히 말해 계속 찢어진 또르띠야를 생산하며) 이런저런 이야기를 나누다 슬쩍 마을 입구에서 만난 공예품 장사치들 이야기를 조심스레 꺼내니, 그렇게 여행자들에게 물건을 팔려는 사람들도 있긴 한데, 우리 집은 그렇진 않다며 말끝을 흐린

다. 작은 마을, 좁은 커뮤니티 안에서 불필요
한 문제를 만들고 싶지 않은 눈치였다.

한낮부터 또르띠야 반죽을 만들어 저녁
식사 준비를 시작했는데 식사 때가 되니 어느
새 사방이 캄캄했다. 전기가 들어오지 않으니
해가 지면 곧 칠흑 같고 먹물 같은 까만 밤이
되어 버리는 것이다. 아무것도 보이지 않아 더듬
거리는 사이 마야인들은 아주 익숙하게 나무 식
탁 위에다 이런저런 음식들을 늘어놓았다. 다행히
누군가 석유램프를 들고 와 불을 켜 주어 겨우 사방
분간이 됐다. 스트링 빈과 양파 등의 채소에다 매운
고추 양념(중남미 고추는 아주 맵고 맛있다!)을 넣어 볶
은 걸 옥수수 또르띠야에 올려 돌돌 말아 먹는 것이
오늘의 저녁 메뉴. 옥수수를 끓여 사탕수수 즙을
탄 달콤한 음료도 한잔해야지. 하나부터 열까지 자
급자족인, 소박한 음식이다. 이게 참 별것 아닌 듯
하지만 무척 맛이 좋다. 구수한 옥수수 냄새가 폴
폴 풍기는 또르띠야며 직접 농사지은 채소들이며, 투박하고 따뜻한 집밥
그 자체.

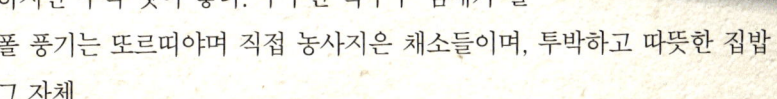

저녁을 먹고 밖으로 나오니 풀밭 위에 점점이 흩어져 있는 약한 불빛
들이 눈에 들어온다. 반딧불이다. 도시 촌년, 마야인의 마을에서 난생처음
으로 반딧불을 보는구나. 정말 예쁘네 하며 멍하니 구경하고 있으니 한 아
이가 요걸 한 마리 잡아다 내 손바닥 위에 올려준다. 전설 속에서만 존재
하는 줄 알았던 마야인을 만나 하루를 함께 보내고, 음식을 만들고 식사까
지 같이 하다니 왠지 비현실적이라는 느낌이 든다. 꿈은 아니겠지요.

벨리즈시티에서 옷 가게를 하는 줄리의 집에 초대받았다. 세상에, 앞마당에 망고가 주렁주렁!

덥다 더워~
시원하게 원샷!

　　세계 지도를 쫙 펴놓고 벨리즈가 대체 어디에 붙어 있는 나라인지 한 번 찾아볼까나? 어디 보자, 지리적으론 중남미에 있는 국가다. 멕시코와 과테말라와는 국경을 마주하고 있고, 온두라스와도 꽤 가깝다. 한마디로 정말 덥습니다! 9월 초부터 약 3주간 벨리즈 곳곳을 여행하는 동안 거의 매일같이 한낮 기온이 40도를 넘나들 정도였으니 말 다했지. 온도계를 잘못 본 게 아닐까 했는데 41, 42, 43, 이런 숫자를 보게 될 줄이야.

　　해가 지고 밤이 되니 선선해지길래 다시 온도를 확인해 보니 35도다. 한국에서였다면 열대야라며 헉헉댔을 텐데 벨리즈에선 그나마 시원한 느낌. 9월 초가 이런데 7, 8월 한여름엔 대체 얼마나 더울까? 그러다보니 온종일 물, 물, 물 타령을 하게 된다. 꼭 물이 아니어도 좋다. "과일 주스든 맥주든 일단 마실 거라면 아무거나 상관없어"라고 중얼거리며 좀비처럼 흐느적흐느적 동네 식료품점의 문을 열고 ─들어가 음료수 진열대 앞에 서서 뭐가 있는지 재빨리 눈으로 훑어보기 시작. 그래, 역시 크리스털 워터Crystal Water가 좋겠어!

대부분의 식료품이며 생활용품을 몽땅 수입에 의존하는 벨리즈에선 공산품을 찾는 것이 꽤 어려운 일이다. 옷 가게에 가든, 전자 제품 판매장에 가든, 슈퍼마켓에서 과자나 초콜릿을 고르든 간에 전부 외국산. 하지만 럼주, 맥주, 생수 요 세 가지 음료만큼은 벨리즈에서 만든 것이 인기다. 특히 맥주와 생수는 단 한 가지 브랜드가 전국 시장을 완전 독점으로 장악하고 있는데, 앞서 말한 크리스털 워터는 바로 생수 브랜드 이름이다. 어딜 가든 똑같은 상표가 붙은, 똑같은 1리터 큼직한 물병을 판다. 뚜껑을 열고 물병 주둥이를 일단

입에 댔다 하면 단숨에 반 이상 꿀꺽꿀꺽 단번에 마시게 된다. 물맛이 엄청나게 좋아서가 아니라 그만치 목이 마르기 때문인데, 한국에선 평소 하루에 약 2리터의 물을 마시지만 이곳 벨리즈에선 최소한 4리터의 물을 매일같이 마시게 된다. 두 배라니, 세상에!

하지만 그럼에도 화장실에 가는 횟수는 많이 늘어나지 않았으니 그야말로 인체의 신비다. 모두 땀으로 나오는 거겠지? 일반적인 페트병뿐 아니라 네모진 주머니 모양의 비닐 팩에 담긴 생수도 있는데 용량이 250밀리리터 정도로 아담해서 이빨로 비닐 팩의 한쪽 끝을 물어뜯은 후 입을

대고 한 번에 쭉쭉 빨아 마시면 된다. 재
미있긴 한데 물에서 비닐 냄새가 난다는
아쉬움이 폴폴.

　이번에는 맥주! 벨리즈 유일의 맥주
인 벨리킨Belikin이다. 요 이름은 마야어인
데 '동쪽으로 가는 길'이라는 뜻이라나?
그러고 보니 라벨에도 마야 유적지인 알
툰 하Altun Ha의 일러스트가 그려져 있다.
그렇다고 해서 마야인이 경영하는 맥주
회사인 것은 아니지만 그래도 뭔가 마야
의 색을 입히고 싶었나 보다. 맥주병 라
벨 속 알툰 하 유적지엔 직접 가보았는
데, 40도가 넘는 한낮의 땡볕을 온몸으
로 받으며 거대한 유적의 전면에 새겨진 수많은 돌계단을 걸어 올라가다
보니 입에서 절로 벨리킨 맥주 타령이 흘러나왔다. 아이고야.

　가게에 가면 맥주 판매대의 90퍼센트 이상이 요 벨리킨 맥주로 꽉
꽉 채워져 있다. 라거, 라이트 라거, 스타우트 등 종류도 다양하다. 나머지
10퍼센트는? 그야 물론 수입 맥주들. 하지만 눈에 들어오지도, 그리고 마
시는 사람도 영 눈에 띄지 않는다. 어딜 가나 벨리킨뿐. 길거리 식당에서
도 벨리킨 맥주회사에서 제작해 준 간판을 사용하는 경우가 아주 흔하고
(코카콜라 협찬 간판처럼 로고가 붙어 있다), 그런 식당이며 술집의 벽에는 으레
벨리킨 맥주의 달력과 포스터가 다닥다닥 붙어 있다. 수영복 차림의 벨리
즈 미녀들이 매력적인 포즈를 취하고 있는 사진이 가득하다. 이왕이면 남
성 모델 버전도 좀 만들어 주지, 여성 소비자를 무시하는 거냐!

　크고 작은 행사나 축제가 있을 때마다 으레 벨리킨 맥주회사에선 가

장 눈에 잘 띄는 곳에다 큼직한 천막을 펴고 부스를 설치해 맥주를 저렴한 값으로 끝없이 제공한다. 경쟁자가 없으니 마음껏 홍보할 수 있는 것이다. 그뿐인가? 심지어 기념품점이나 공항 면세점에도 벨리킨 맥주의 로고가 박힌 티셔츠와 모자, 가방이나 유리컵 등이 가득하다. 원체 공산품 종류가 적으니 더 눈에 띈다. 처음 벨리킨 맥주를 마시고는 뭐 그냥 싱겁고 평범한 맛이라고 생각했는데 여행 내내 온 사방에서 마주치다 보니 어느새 세뇌라도 된 듯, 결국 귀국길에 로고가 크게 박힌 유리컵을 두 개 사와서 지금까지도 아주 잘 쓰고 있다. 내가 못 살아.

취기가 살살 오른다. 이왕이면 좀 더 센 것으로 한 방! 어릴 적 코를 박고 열심히 읽었던 동화책 속에 등장하던 술인 럼rum이 좋겠다. 루이스 스티븐슨의 소설 『보물섬』처럼 뱃사람과 해적이 등장하는 이야기 속엔 언제나 럼이 빠지지 않더랬다. 무슨 화나는 일만 있으면 모두 갑판 위에서 럼을 벌컥벌컥, 물론 기분 좋은 일이 있을 때도 벌컥벌컥. 그야말로 화끈한 뱃사람의 술인 럼은 카리브해 연안과 남미에서 두루두루 생산되고, 또 이곳에서 그만큼 많이 소비되는 독한 증류주이다.

대부분 사탕수수의 즙을 증류해 만드는 경우가 많지만, 벨리즈에선 코코넛 열매의 과즙으로 만들어 특유의 향기가 난다. 이 독한 술을 어디

에서나 무척 싼 값에 쉽게 살 수 있고(신분
증 검사도 없이) 아예 럼만 전문으로 취급하
는 가게에서 시음하고 살 수도 있다. 그냥
마시기도 하지만 워낙 날이 더우니 럼에다
차가운 콜라를 부은 후 라임을 반으로 갈라
꾹 짜서 달콤새콤한 즙을 내 섞어 얼음 동동
띄워 꿀꺽꿀꺽 마시기도 한다. 요게 아주 맛
있다! 사실 이건 쿠바 리브레라는 칵테일인
데, 이걸 만들어 준 벨리즈인 아저씨에게 "이
거 쿠바 리브레잖아요"라고 했더니 벨리즈 스
타일이라며 박박 우긴다. 뭐 아무렴 어때. 마시고 취
하는 건 똑같은데. 럼에다 파인애플 주스를 섞어 얼
음을 넣은 칵테일도 무척 인기가 있는데, 이건 벨리
즈 오리지널이 맞다. 이름은 팬티 리퍼.(맙소사, 이 술
을 마시고 취하면 팬티까지 벗게 된다는 뜻이려나?) 그뿐
아니라 브래지어 리퍼라던가 남성용 속옷 이름을
붙인 브리프 리퍼라는 이름의 칵테일도 있다. 성
별에 따라 골라 마시란다. 너무 야하잖아라고 생
각했지만 오르가슴orgasm이라던가 섹스 온 더 비
치sex on the beach 같은 유명한 칵테일도 있는데 뭐 이
쯤이야.

　　럼 전문점의 주인아저씨가 한마디 거든다. "이탈리아인에게는 와인
이 있고 독일인에겐 맥주가 있어. 러시아인에겐 보드카가 있고 멕시코인
에겐 테킬라가 있지. 그리고 우리에겐 럼이 있어." 오오, 럼을 마시기 딱
좋은 핑계다. 그렇다면 한 잔 더 하지 않을 수 없지!

갓 튀긴 나초칩에 뜨거운 치즈 소스 듬뿍, 거기에 새콤 매콤한 할라페뇨 피클. 말이 필요없죠!

푸짐푸짐~
길거리 간식

벨리즈 제1의 도시는 벨리즈시티Belize City다. 무슨 이름을 그렇게 단순하게 지었나 했는데 실은 벨리즈라는 나라 이름이 이 도시 이름에서 비롯된 것이란다. 엥? 그렇다면 국가의 역사보다 도시의 역사가 더 오래되었다는 소리?

사연인즉슨, 벨리즈가 영국의 식민지였던 시절엔 벨리즈시티가 이 지역의 수도 역할을 해왔기 때문에 지난 1981년 완전히 독립한 이후에도 제1의 도시의 역할을 톡톡히 하고 있는 것. 국가의 이름도 '영국령 온두라스'에서 '벨리즈'로 바뀌었다. 그런데 벨리즈시티가 바다와 접해 있다보니 매년 허리케인의 습격을 피할 수 없어 결국 80킬로미터가량 안쪽에 있는 도시 벨모판Belmopan으로 수도를 이전했다고 한다. 하지만 행정수도인 벨모판에는 그저 관공서 건물 몇 개만 덩그러니 있을 뿐, 여전히 재미난 구경거리며 편의시설 등은 대부분 벨리즈시티에 몰려 있다. 물론 국제공항도. 그런고로 벨리즈 여행의 시작과 끝은 모두 벨리즈시티!

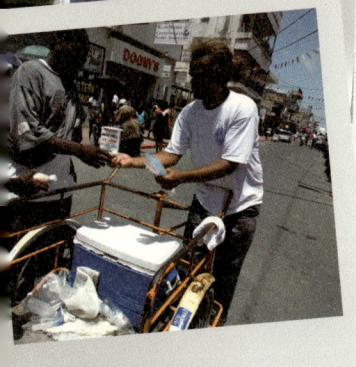

아주 작은 도시라 마음만 먹으면 이쪽 끝에서부터 저쪽 끝까지 후다닥 한 번에 돌아볼 수도 있지만 문제는 날씨다. "더워, 더워, 더워"라고 중얼거리며 될 수 있는 대로 그늘로만 살금살금 걸어가는데 어디선가 갑자기 쩌렁쩌렁한 외침 소리가 들려와 깜짝 놀랐다. "씨위드! 씨위이이이이이드!" 세상에, 목청 정말 좋네. 그런데 '씨위드seaweed'라면 해초잖아? 설마 미역이나 김을 파는 건 아니겠지 하며 가까이 다가가 보니 아이스박스에다 500밀리리터짜리 페트병을 가득 담아 놓고 파는 노점상이다. 병 속에는 미숫가루를 타놓은 듯, 혹은 막걸리인 듯 뽀얗고 걸쭉한 음료가 들었길래 이게 뭐냐고 물으니 냅다 또 "씨위이이이이이드!"라고 소리를 지른다. 아저씨, 저 귀 안 먹었거든요!

뭐, 어쨌든 일단 먹어봐야 맛을 알겠지. 코코넛 밀크와 땅콩 맛 중에서 선택하라길래 아예 두 병을 다 사버렸다. 어디 한 모금 마셔보자. 술술 잘 넘어가는, 달콤하고 고소한 음료다. 출출할 때 우유나 두유처럼 마시면 요거요거 괜찮겠다 싶은데⋯ 잠깐, 그런데 왜 이걸 씨위드라고 하는 거지? 미역 맛도 김 맛도 파래 맛도 나지 않는데. 이유인즉슨, 벨리즈 앞바다의 얕은 물에서 많이 자라는 노란색 해초 성분이 요 안에 들어 있기 때문이란다. 이름하여 유케마eucheuma isoforme라는 해초인데(이름이 참 어렵다) 요걸 잘 말린 다음 물에 넣고 바글바글 끓이면 미역이나 다시마를 끓일 때처럼 끈적한 점액질이 우러나오게 된다. 이걸 잘 식혀 넛멕(육두구)nutmeg과 계피, 바닐라를 넣어 좋은 향기를 더하고, 달콤한 연유를 듬뿍 넣

은 후 얼음을 동동 띄우면 끝. 씨위드 셰이크 완성! 코코넛 밀크라던가 땅
콩 간 것 등은 엿장수 마음대로 넣으면 된다. 벨리즈인들은 요걸 에너지
드링크라고 생각한다는데, 더운 날씨에 땀을 많이 흘려 진이 쪽 빠졌을
때 마시면 좋다고. 특히 여기에 독한 벨리즈산 럼을 좀 넣으면 정력제로
도 끝내준다는데 실험은 해보지 못했다. 기회가 있어야지.

　　맛보다는 재료가 독특한 요 음료수로 벨리즈 길거리 음식 겉핥기를
시작했으니 슬슬 다른 것들도 좀 먹어볼까나? 세계 어딜 가나 한결같은
맛의 패스트푸드 체인점은 때로는 만만하고 편안하지만 또 때로는 굳이
이런 곳까지 진출해야 했나 싶어 지겹고 아쉽기도 하다. 하지만 맥도널드
도 KFC도 찾을 수 없는 벨리즈에선 대신 길거리 곳곳에서 다양한 간식거
리를 만날 수 있다. 더운 지역인 만큼 화려한 색소 시럽을 끼얹은 슬러시
며 과일 아이스바 '팔레타' 같은 찬 군것질거리도 많고, 샛노란 게 아주
먹음직스러운(노란색의 차원이 다르다!) 찐 옥수수도 엄청 인기다. 프라이드
치킨과 프렌치프라이라든가 기다란 빵에 굵직한 소시지를 끼워 넣고 케
첩과 겨자를 듬뿍 뿌린 핫도그처럼 아주 익숙한 음식들도 있다.

　　그렇지만 이런 거야 우리나라에서도 얼마든지 먹을 수 있으니 뭔가

좀 더 재미난 것을 찾게 되는데, 역시 멕시코 음식을 파는 노점 쪽으로 식욕 더듬이가 꿈틀꿈틀 이동한다. 벨리즈에선 전국 어딜 가든(워낙 작은 나라라 곳곳을 쐐삳삳이 다녔다) 멕시코 음식을 먹을 수 있는데, 그도 그럴 것이 중남미 지도를 들여다보면 북쪽으로는 멕시코와 서쪽으로는 과테말라와 국경을 딱 마주하고 있기 때문이다. 동쪽과 남쪽은 온통 아름다운 카리브해와 면한다. 그렇다보니 분명 벨리즈만의 독특한 음식문화가 존재하기는 하지만 상당 부분 멕시코의 영향을 받을 수밖에 없겠구나 싶다.

게다가 멕시코 음식은 이젠 우리에게도 은근슬쩍 친숙해졌으니 과감히 도

전하기에도 부담이 적다. 뭘 먹을까? 우선 당장 근처 가게에만 가도 바삭하게 튀긴 옥수수 나초칩에다 진한 치즈 소스와 매콤한 할라피뇨 피클을 듬뿍 얹은 걸 살 수 있다. '나초칩이 뭐 다 비슷하겠지' 하며 한 입 먹어보니, 어머머! 이거 왜 이렇게 맛있는 건가요! 한 개 먹고 두 개 먹고 세 개 먹고, 절대 멈출 수 없는 맛이다. 짜고 기름진 게 건강하고는 거리가 아주 먼 음식 같지만 일단 먹어보면 건강 따위, 다이어트 따위라는 생각이 들 정도다. 물론 가게뿐 아니라 길거리 노점에서도 요 나초칩을 얼마든지 사 먹을 수 있다.

맛 좋은 타코도 마찬가지. 새벽 5시경에 문을 열어 오전 10시가 넘으면 하루 장사를 마감하는 아침 식사 전문 노점에선 값싸고 맛있는 타코를 먹을 수 있는데, 멕시코에는 이런저런 다양한 재료와 조리법을 조합한 150종 이상의 타코가 있을 정도로 그 사랑이 대단하단다. 그런 인기 만발의 타코가 벨리즈에서도 변함없이 사랑받는 중. 많은 사람이 주변을 둘러싸고 타코를 꿀떡꿀떡 열심히 먹고 있다. 이 노점에서는 특히 치킨 타코를 전문으로 만든다는데, 익힌 닭고기를 아주 가늘게 찢어 매콤한 양념과 섞어 걸쭉한 페이스트 상태로 만든 다음 옥수수 토르티야에 쓱쓱 바르고 생양파와 토마토 채 썬 것을 얹어 돌돌 말면 먹을 준비 완료다. 원한다면 아주 매운 고추 소스를 더해도 되는데, 매운맛으론 세계에서 몇 손가락으로 꼽힌다는 하바네로 고추로 만든 거라서 마음의 준비가 필요하다. 물론

난 모르고 냅다 입에 넣었다가…. 여하튼 요 타코는 값도 무척 싸서 마음에 든다. 3개에 1BZD(벨리즈 달러). 1BZD가 0.5 US$인걸 생각하면 정말 저렴한 가격이다. 참고로 생수 한 병 가격도 1BZD이다.

멕시코의 영향을 받은 음식이지만 벨리즈식으로 재해석했다는 가르나체도 아주 맛이 좋다. 구수한 옥수수 토르티야를 바삭하게 튀긴 다음 위에다 리프라이드 빈스(푹 익혀 으깬 콩에 기름을 넉넉히 둘러 튀기듯이 한 번 더 익힌 것)를 두텁게 바르고, 가늘게 채 썬 양배추와 다진 양파를 얹은 다음 치즈를 사정없이 팍팍 갈아서 올린 간식거리다. 일반적인 옥수수 토르티야의 지름이 약 9~10센티미터 정도인데 튀기고 나면 약간 줄어들기 때문에 두 입이면 가뿐하다. 재료로 보나 조리법으로 보나 맛도 듬뿍, 열량도 듬뿍. 에라 모르겠다, 벨리즈 길거리 간식 만세다.

넋을 잃고 바라보게 되는 벨리즈의 하늘과 바다.

공포의 매운맛!
눈물 찍, 콧물 쏙

이름은 많이 들어봤다. 하바네로Habanero. 뭐, 엄청나게 매운 고추라지? 그렇지만 고추가 다 그렇지, 당연히 맵겠지. 시큰둥할 수밖에 없는 것이, 사실 난 매운 음식보다는 달고 새콤한 것을 훨씬 더 좋아하기 때문이다. 그러니 하바네로가 아무리 유명하다 해도 내가 그걸 굳이 찾아서 먹을 일이 과연 있을까 싶어 시큰둥했다.

매운 정도를 나타내는 단위인 스코빌Scoville로 따져보자면 하바네로는 자그마치 100,000~350,000스코빌 정도나 된단다. 청양고추가 보통 10,000스코빌 이하라고 하니, 그럼 최소한 열 배 이상은 맵다는 소리잖아? 이게 말이 돼? 그런데 말이 된다. 어떻게 확신하느냐고? 그야 먹어봤으니까 안다. 매운 음식은 어떻게든 요리조리 살살 피해 다니는 내가 어쩌다 하바네로를 먹게 된 것인지, 그것도 이역만리 벨리즈에서. 그때를 떠올리면 지금도 코끝이 찡하고 혀끝이 아리다.

벨리즈의 크고 작은 슈퍼마켓이나 재래시장엔 피망을 축소해 놓은 것 같은 귀여운 모양의 둥글둥글한 고추가 무척 흔하다. 보통은 오렌지

재래시장에서 발견한 하바네로. 요렇게 예쁘게 생겨서는 어쩜 그런 맛이 날까? (오른쪽 위 사진) 동네 식당의 하바네로 피클. 먹는 순간 걱정 근심을 잊게 된다. 왜냐고? 매워서! (사진 맨 오른쪽)

빛이 도는 빨간색이거나 선명한 초록색으로 작은 건 2~3센티미터, 크더라도 어지간해선 5~6센티미터를 넘지 않는 작은 크기다. 이게 말로만 듣던 하바네로야? 하나도 무섭지 않게 생겼는데? 가게 아저씨가 싱글싱글 웃으며 입에 넣는 시늉을 하고 PD도 은근히 부추기길래 '내가 못 먹을 줄 알고?' 하며 과감히…는 아니고 사실 한쪽 끝을 소심하게 살짝 깨물어 먹었는데, 처음엔 보통 풋고추와 비슷한 맛과 냄새가 나는가보다 싶더니 잠시 후 아구창이 얼얼해지기 시작해 귓속이 멍해지고 머리가 띵하기 시작했다. 이거 장난이 아니다! 더워서 나는 땀인지 매워서 나는 땀인지 분간이 되질 않네. 띵하다 못해 두통이 생길 지경이다. 이게 참, 혼자 먹기는 정말 아까운데, 꼭 궁금해하는 독자들과 같이 야금야금 나누어 먹고 싶은데 정말 아쉽다. 혼자 당할 수는 없어! 흑흑….

중남미 카리브해 연안 여기저기에서 쑥쑥 잘도 자란다는 하바네로. 요걸 처음으로 발견한 사람은 "어 이게 뭘까, 색이 예쁘네" 하며 입에 넣고 냠냠 먹었겠지? 그분께 깊은 애도를 표한다. 그나저나 이걸 대체 어떻게 먹을까? 청양고추 먹듯이 고추장에 푹 찍어서 와삭와삭 씹어 먹는 건 설마 아니겠지? 벨리즈인들도 인간인데 말이다. 역시나 잘게 잘라 음식을 조리할 때 조금씩 넣거나 새콤달콤하게 절여서 먹는단다. 특히 식초에 흑설탕과 생강즙을 넉넉히 넣어 만든 국물에 채 썬 하바네로와 양파를 절인 피클이 맛있는데, 벨리즈의 음식들이 좀 느끼한 게 많아서 요 매운 피클을 곁들이면 입안이 아주 개운해진다. 뭐, 사실은 매워서 쩔쩔매느라 느끼한 맛을 알아차릴 새가 없다는 게 정답일지도 모르지만 말이다.

평화로운 산 페드로 풍경. 하지만 핫소스를 한입 먹는 순간 평화는 끝!

그런데 이렇게 직접 만든 피클을 내놓는 식당은 흔치 않다. 왜냐, 벨리즈 전국 어디에 가든지 마리 샤프 핫소스Marie Sharp's Hot Sauce의 무시무시한 그림자에서 벗어날 수 없기 때문. 어디, 어떤 소스인지 한번 볼까? 300밀리리터 정도의 용량인 아담한 유리병 안에 새빨간 액체가 가득 들어 있다. 피자를 주문하면 으레 가져다주는 타바스코 핫소스와 비슷한 색이다. 그런데 이 소스가 어딜 가든지, 문자 그대로 벨리즈 그 어느 곳에 가든지 간에 눈에 띈다. 맥주 하면 벨리킨 맥주 한 가지가 전국 시장을 장악하고 있듯이 핫소스 하면 단연코 마리 샤프다. 주재료는 물론 하바네로. 마리 샤프는 요리 솜씨가 뛰어난 벨리즈의 아주머니 이름인데, 그분이 부엌에서 뚝딱뚝딱 만든 핫소스의 맛이 워낙 좋아 동네 사람들에게까지 인기가 있었단다. 그러다 전국 핫소스 경연대회(라는 게 있다니…)에 참가해 우승하게 되고, 그 여세를 몰아 아예 회사를 차려 지금은 엄청난 재벌이 되었다니 그야말로 인생 한 방이다!

곱게 간 당근에 하바네로의 매운 맛을 첨가하고, 양파와 라임 주스, 식초, 마늘, 소금 등으로 맛을 낸 소스인데 부재료라던가 비율에 따라 그 종류가 열 가지 이상으로 꽤 다양하다. 그 중 내가 직접 맛을 본 것만 나열해 보자면 우선 매운맛hot, 불같이 매운맛fiery hot, 혼수상태에 빠질 정도의 매운맛beware comatose, 벨리즈식 매운맛Belizean hot, 오렌지 과육을 섞은 맛orange pulp, 달콤한 맛sweet habanero, 겁쟁이들은 먹지 못하는 매운맛no wimps allowed 등이다. 이름들은 재미나지만 맛은 절대로 재미나지 않다. 전부 맵다. 정말 맵다! 개중에는 분명 순한 맛, 달콤한 맛이라고 쓰여 있는 것도 있었지만 그래도 그 기본적인 하바네로의 맛이 어디 갈 리가 있나.

시내의 기념품 판매점이라던가 공항 면세점에선 극단적으로 말해 단 두 가지의 벨리즈 특산물만을 찾을 수 있다. 로고가 박힌 유리컵이나 모자, 티셔츠 등 벨리킨 맥주 관련 상품과 마리 샤프 핫소스뿐이다. 그 외엔

딱히 벨리즈에서 생산한, 그리고 귀국길에 사들고 갈만한 물건이 아직은 없다. 그렇게 공산품의 종류가 부실한 덕에 이 두 회사는 엄청난 혜택을 보고 있는 셈. 약 3주간 벨리즈 곳곳을 여행하는 동안 징하게도 먹고 또 먹었다. 그 어떤 식당에 가더라도 모든 테이블 위에 이 소스가 기본적으로 놓여 있으니 나도 모르게 뚜껑을 열어 접시에 담긴 음식에 살살 뿌리게 된다. 처음엔 그렇게도 맵더니만 어느 순간부터인지 입에 착착 붙는다. 귀국길엔 벨리즈 공항 면세점에서 매운맛의 단계별로 몇 병을 구입했을 정도다. 이게 아주 맛있어서라기보다는 진열대에 놓인 모습을 보니 나도 모르게 손이 갔기 때문인데, 이쯤 되면 핫소스에게 세뇌당한 게 아닐까?

부트 졸로키아 Bhut Jolokia	백만 스코빌 이상
도싯 나가 Dorset Naga	구십칠만 스코빌 이상
나가 졸로키아 Naga Jolokia	팔십오만 스코빌 이상
하바네로 Habanero	삼십오만 스코빌 이상

청양고추는
1만 스코빌

SCOVILE : 고추의 매운맛을 나타내는 단위

그니까……
더 매운애들도 있단 말이지……

그르쿠나
무섭구나

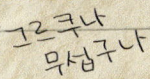

호오~

인터넷 검색을 해보니
하바네로에선 상큼한
감귤류 풍미도 난다네요?

…라고는 하지만… 웃기시네ㅡ.ㅡ 그저 매울뿐이야!!!!

그짓말!!! 다 그짓말!!!

분노

벨리즈 사람들은 모두들 낚시 전문가. 심지어 요런 꼬마들조차도!

캬, 이게 바로
손맛이구나!

"네가 먹은 건 회도 아냐!" 바닷가 출신 친구들이 항상 하는 소리다. 아니, 횟집에서 비싼 회를 먹고 왔는데 그게 회가 아니라니, 그럼 내가 먹은 건 대체 뭔데? 약이 바짝 오르지만 딱히 반박할 말이 떠오르지 않아(그래서 더 약이 오른다) 주둥이만 쭉 내밀고 구시렁구시렁. 갓 잡은 물고기를 그 자리에서 회 쳐 먹기란 낚시 경험 전혀 없는 도시 촌년의 로망이다. 나도 그 싱싱하다는 맛을 좀 보고 싶다고! 드디어 그 꿈을 이룬다. 어디서? 바로 벨리즈에서!

벨리즈의 바다는 마음마저 뻥 뚫릴 듯 푸르다. 멍하니 바다를 바라보고 있으면 푸른색의 종류가 저렇게 많았던가 새삼 감탄하게 될 정도다. 중남미에서 유일하게 영어를 공용어로 사용하는 것 때문에 영어권 나라의 관광객들이 꽤 많이 오는데, 뭐니뭐니해도 바다를 보기 위해서란다. 텍사스에서 온 신혼부부도, 영국에서 온 여대생들도, 캘리포니아에서 단체로 휴가를 내고 온 의사들도 모두 벨리즈에 도착하자마자 수영복부터 갈아입었다며 웃는다. 작고 깨끗한 산호섬 키 코커caye caulker는 스노클링

과 스쿠버 다이빙, 일광욕 삼매경에 빠진 사람들로 가득하다. 물론 키 코
커의 자그마한 마트엔 자외선 차단지수가 아주 높은(최소한 50 이상, 심지어
100인 것도 많다) 선크림이 가득하고 말이다.

　나도 망설일 필요 없지, 당장 바닷물 속으로 풍덩! 여행자들 몇 명과
공동으로 배를 빌려 바다로 나가 스노클링을 시작했다. 투명한 물속 아래
신기한 모양의 산호와 화려한 색의 물고기가 가득했다. 세상에, 별천지네
별천지! 시간 가는 줄 모르고 한참 동안 첨벙거리다 배 위로 올라오니 그
사이 선장이 배구공만 한(과장이 아닙니다) 소라고둥conch을 잡아 놓았다. 이
주변 바닷속은 말 그대로 해물 잔치다. 몽땅 건져 올려 착착 썰어 먹으면
얼마나 맛있을까? 선장이 커다란 소라고둥의 속살을 솜씨 좋게 잡아 꺼내
어 맑은 바닷물에 찰찰 흔들어 가볍게 씻은 후 칼로 쓱쓱 자르기 시작했는
데, 요걸 그대로 먹어도 달달하고 쫄깃한 게 아주 맛있지만 라임을 반으로
갈라 즙을 꾹 짜서 휙휙 버무리면 달콤, 새콤, 짭짤한 게 입맛이 확 살아난
다. 남미식 회, 세비체다. 한 점, 두 점, 연신 입에 집어넣다 보면 어느새 소
라고둥 살점이 바닥을 보여 아쉽다. 소주 한 병 있으면 딱 좋을 텐데. 갓 잡

은 해산물을 배 위에서 곧바로 회 쳐 먹는 맛이 바로 이런 건가?

여기서 멈출 수 없지. 이번엔 아예 낚시용 보트를 빌려 먼 바다로 나갔다. 그렇잖아도 PD가 낚시광이라니 잘 됐네! 느긋하게 배를 몰아가던 선장이 독특한 열대 식물들이 한 덩어리로 정신없이 엉켜 있는 홍수림mangrove 군락 근처에 배를 대놓고 멋진 자세로 그물을 휙 던지자 반짝거리는 은색의 정어리들이 한 번에 수십 마리씩 그물에 걸려 올라온다. "우와!" 하고 감탄하자 이건 미끼용으로 잡았을 뿐이고 진짜는 지금부터란다. 기대가 점점 커진다. 시끄러운 모터 소리와 함께 더 먼 바다를 향해 신나게 내달리다 선장이 한번 해보겠느냐며 보트의 운전대를 내주길래 이게 웬 떡인가 싶어 냉큼 붙잡았다가 10초 만에 다시 빼앗겼다. 다들 안도하는 표정들이었다. 아니 내가 뭘 어쨌다고, 그저 스릴을 좀 느껴보려고 했을 뿐인데. 맞다, 난 자동차도 운전할 줄 모르고 자전거도 탈 줄 모르지.

드디어 낚시 포인트에 도착한 모양인지 잠시 배를 멈춘 후 아까 잡은 정어리를 긴 낚싯대 끝에 매달린 바늘에 꿰어 바닷물에 던지고 다시 천천히 배를 몰자 금세 입질이 온다. 선장이 첫 테이프를 끊은 것이다. 꽤 크다! 그리고 잠시 후 PD 역시 물고기 한 마리를 낚아 올렸는데, 우와, 이건 더 크다! 몸통이 두툼하고 길이도 상당히 긴 은빛의 물고기다. 이게 뭐지? 설마 갈치는 아니겠지? 바라쿠다barracuda라는, 처음 들어보는 이름이었다.

선착장으로 돌아와 그 앞의 식당에서 칼과 도마, 접시를 빌려 오니 PD가 신나게 물고기 손질을 시작했다. PD가 되지 않았다면 어부가 되었을 거라더니 정말로 능숙한 솜씨다. 한두 번 해본 게 아닌 모양인데? 커다란 바라쿠다의 몸뚱이를 반으로 쓱쓱 가른 다음 다시 큼직한 살점만 보기 좋게 발라내어 도마에 올려놓고 두툼하게 썰어내니 금세 푸짐한 회 두 접

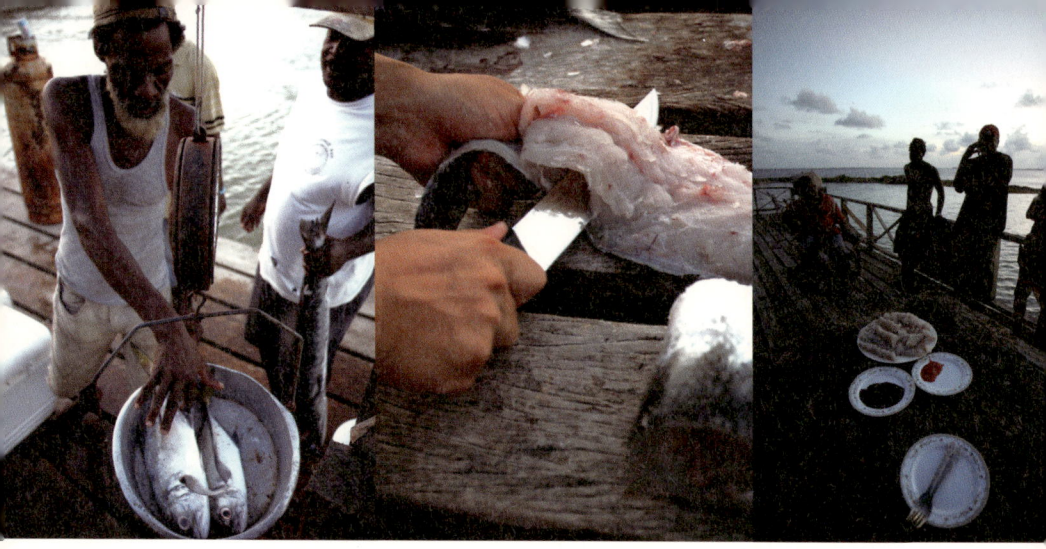

시 완성. 그런데 팔짱을 끼고 구경하던 선장이며 선착장 직원들, 식당 직
원들은 아까부터 심란한 얼굴들이었다. 익혀 먹어야지, 날로 먹으면 맛이
없는 물고기라는 것이다. 그래도 난 꼭 로망을 실현하고 싶으니 다들 조
용히 하세요! 고추냉이와 간장, 초고추장이 있으면 딱 좋겠지만, 중남미
의 벨리즈에서 별걸 다 찾는구나 싶다. 그나마 식당 주방에 미국제 간장
과 새빨간 핫소스가 있길래 콧노래를 부르며 조금씩 덜어 두툼한 바라쿠
다 살점을 간장에 콕 찍어 입에 넣었더니… 이 간장은 인간이 먹을 게 못
되는 물건이고 핫소스도 생선회와는 전혀 어울리지 않는다. 사실 회 자체
도 그저 그런 게, 현지인들 말처럼 바라쿠다는 회로 먹기엔 맛이 너무 맹
숭맹숭하고 싱겁다. 한마디로 별 맛이 없다. 소금과 후추 간을 해 계란물
을 입혀 전을 부쳐 먹으면 맛있을 것 같은 생선이다. 그런데도 선장이 싱
글싱글 웃으며 "내가 뭐랬느냐"라고 하길래 오기가 나 꾸역꾸역 접시를
비웠다. 맛보다는 경험, 그리고 재미 아니겠어!

저녁나절 해변을 산책하다 물고기를 손질하는 아저씨들과 마주쳤다.
낮에 앞바다로 배를 타고 나가서 잔뜩 잡아왔단다. 모두 슈내퍼Snapper라
는 도미의 한 종류이다. 머리와 꼬리를 칼로 쿵쿵 내리쳐 잘라내고 몸통

을 반으로 갈라 등판과 배의 살점을 넓적하게 떠내어 아이스박스에 채워 넣은 다음 나머지 부위는 아까부터 머리 위를 빙글빙글 돌고 있는 갈매기들에게 휙휙 던져준다. 어부냐고 물으니 아니라고, 여기선 누구나 낚시를 한다고 대답한다. 그저 집에서 튀겨 먹으려고 잡은 거란다. 허리까지 오는 물속에서 그물을 던져 새우를 잡는 아저씨도 있다. 싱싱한 새우들이 순식간에 그물 곳곳에 걸린다. 물 밖으로 나와 팔딱거리는 새우들을 떼어내 양동이에 던져 넣고 다시 바다로 들어가 그물을 던지고를 반복한다. 마음만 먹으면 한도 끝도 없이 잡을 수 있겠네. 그런데 양동이가 반쯤 차니 거기서 끝낸다. 요정도면 오늘내일 밥 해먹기엔 충분하다는 뜻인가보다. 필요하면 그때 다시 와서 잡으면 될걸, 왜 서두르느냐는 말을 한다.

산호섬 키 코커의 캐치프레이즈는 "no shirts, no shoes…no problem"이다. "셔츠도 신발도 필요 없어, 아무 문제 없어"라는 이 문구를 곳곳에서 볼 수 있다. 거기에 하나 더, "go slow." 우리나라보다 매우 낮은 국민소득을 올리는 나라, 편의시설도 부족하고 매년 허리케인으로 큰 피해를 당하는 나라. 그럼에도 문득문득 벨리즈 사람들이 부럽다는 생각을 한다. 나에겐 없는 것이 이들에게는 있다.

왼쪽부터 수잔나, 헬레나, 피터, 마리아, 에바. 텔레비전도 컴퓨터도 만화책도 모르는 아이들.

메노나이트를
아시나요

　옛날 옛적, 메노 시몬스Menno Simons (1496~1561)라는 네덜란드인이 살았더랬다. 그는 가톨릭 사제였지만 이런저런 부패를 참을 수 없다며 종교개혁 운동을 시작했는데, 역시나 예상대로 무지막지한 박해를 받았단다. 50여 년간에 걸쳐 약 1만 명에 달하는 순교자가 나올 정도였으니 어휴, 상상만으로도 피비린내가 느껴지는 기분이다.

　상황이 그렇다 보니 그의 추종자들은 부랴부랴 유럽 땅을 떠나지 않을 수 없었는데 당시로써는 선진적인 농업과 낙농업 기술을 보유하고 있던 덕에 러시아 등 그 기술을 원한 몇몇 나라에 무사히 정착할 수 있었다고 한다. 그리고 그들 중 일부는 대서양을 건너 머나먼 중남미까지 와서 자리를 잡았다니, 정말 너무너무 먼 길이다. 신념을 위해 그런 고생을 하다니 종교의 힘이란 대단하구나 싶다. 독실한 무교 신자인 나로서는 이해하기 쉽지 않지만. 어쨌든 메노 시몬스의 종교개혁에 동참해 평화주의, 양심적 병역 거부, 봉사, 분쟁 조정 등의 신념을 계속 이어나가는 사람들을 메노나이트Mennonite라고 한다. 아마도 메노 시몬스의 이름에서 따온 명

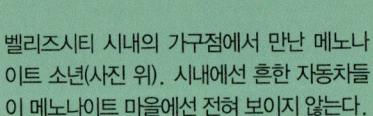

벨리즈시티 시내의 가구점에서 만난 메노나이트 소년(사진 위). 시내에선 흔한 자동차들이 메노나이트 마을에선 전혀 보이지 않는다.

칭이겠지? 전 세계적으로 약 1천 500만 명 가까이 된다니 놀랄 노자다. 에티오피아와 콩고, 캐나다, 미국 등에 특히 많고 그 외에도 50개가 넘는 나라에서 두루두루 살고 있다는데, 그렇게 인구 수도 많고 거주하는 곳도 다양하지만 살면서 단 한 번도 만날 기회가 없었다. 벨리즈로 여행을 떠나기 전까지는 말이다. 여행은 많은 것을 가능하게 만들어 준다.

경상남도와 경상북도를 합친 정도의 크기인 아담한 나라 벨리즈엔 백인과 중남미 원주민 간의 혼혈인 메스티조Mestizo, 식민지 시대에 건너온 유럽인과의 혼혈인 크리올Kriol, 아프리카의 노예선에서 표류해 정착한 가리푸나Garifuna, 오랜 역사의 원주민인 마야Maya 등 다양한 민족들이 각자의 언어와 문화를 유지한 채 사이좋게 살고 있다. 그중에서도 특히 독특한 존재가 바로 메노나이트인데, 그들만의 세상이라고 해도 과언이 아닐 정도로 외부와의 교류가 거의 없어서 신비감마저 느껴진다.

이들은 1950년대 초반에 지금의 벨리즈(당시엔 영국령 온두라스였다)에 정착했는데 현재 대부분은 마을 공동체 안에서 농업과 낙농업에 종사하고, 일부는 뚝딱뚝딱 수공예 가구를 만들어 팔고 있다. 벨리즈시티에는 메노나이트의 가구점이 몇 군데 있는데 이런 외부 활동은 전부 남자의 몫이다. 그럼 얼른 만나봐야지. 가구점 문을 열고 들어가 헤헤 웃으며 인사를 건네니 무척이나 수줍어한다. 게다가 어째 말도 좀 어눌하다. 벨리즈의 공용어는 영어라 메노나이트도 물론 영어를 배우긴 하지만 이들의 언어는 기본적으로 독일어, 그것도 중세시대의 독일어다. 세상에! 피난을 올 때에 사용하던 그 언어를 지금까지 그대로 쓰고 있다니 입이 떡 벌어진다. 내가 아는 독일어래 봤자 아침 인사인 "구텐 탁Guten

Tag"이 전부라 답답하지만 만일 내가 독일어를 잘 한다고 해도 이 수줍은 메노나이트 아저씨들은 눈도 잘 마주치려 하지 않고 계속 배시시 웃기만 하니 별 이야기를 나누진 못했을 것이다. 호기심이 점점 더 몽글몽글 피어오른다. 안 되겠어, 메노나이트의 마을에 꼭 가보고 말겠어!

벨리즈시티에서 차를 타고 한참을 달리다 보니 어느 순간부터인가 자동차들이 점차 사라지고 대신 말이 끄는 마차가 하나둘씩 나타난다. 벨리즈의 메노나이트 커뮤니티 중 하나인 쉽야드Shipyard 지역에 도착한 것이다. 세상에나, 마차라니. 영화에서나 보던 모습 그대로다(물론 길은 온통 말똥투성이). 적당한 곳에 주차하고 마을로 들어와 주변을 돌며 만나는 사람들에게 인사를 건넸는데 역시나 다들 무척 수줍어한다. 하지만 경계하거나 싫어하는 눈치는 아니라서 마음이 놓인다. 나도 그 정도 눈치는 있다고요! 자기들끼리 "꺄아" 웃으며 어쩔 줄 몰라 하는 걸 보니 좀 귀엽다.

일반인과 메노나이트를 구분하는 방법은 단연 옷차림이다. 어른, 아이를 막론하고 모두 유니폼 마냥 같은 옷을 입고 있는데 남자들은 체크무늬 남방에 뽀빠이 청바지를 입고 머리엔 카우보이모자를, 여자들은 빈틈없이 몸을 감싸는 긴 꽃무늬 원피스에 보닛bonnet 모자를 쓰고 있다. 얼핏 봐도 상당히 보수적인 느낌인데, 어릴

적에 보던 〈초원의 집〉이라는 미국 드라마 생각도 난다. 그리고 뭐니 뭐니 해도 다들 금발의 백인이라는 것도 큰 특징. 이 마을만 두고 본다면 여기가 벨리즈인지 혹은 다른 나라인지 구분하기 몹시 어려울 정도다. 메노나이트는 이렇게 옷차림도, 생활 방식도 옛 모습 그대로를 고집스럽게 고수한다. 당연히 전기도 사용하지 않는다. 그들만의 리그, 그들만의 세상 안에서 무척 강한 결속력으로 뭉쳐 있는 사람들이다. 친절하지만 폐쇄적인 사람들. 좀 더 그들의 이야기를 듣고 싶지만 생각처럼 가까이 다가가기 쉽지 않은 걸 어쩌지.

　다행히 PD가 한 가정을 섭외하는 데 성공했다. "오예!" 아홉 명의 대가족이다. 자녀는 신의 축복이기 때문에 열심히 낳아 길러야 한다며 일곱이나 되는 아이를 낳았단다. 이 집뿐 아니라 다른 집들도 모두 비슷하다니 메노나이트의 수가 점점 증가하는 이유를 알 것 같다. 어른들은 여전히 수줍지만 아이들은 역시 또랑또랑하다. 일곱이나 되는 아이들이(막내는 갓난아이라 첫딸에게 업혔다) 서로 앞다퉈 한마디씩 하는데, 어이구 정신 없어라! 하지만 무척 귀엽다. 집에서 기르는 돼지와 닭을 어찌나 자랑스레 보여주는지, 한 마리 한 마리 이름을 가르쳐 주겠다며 난리들이다. 가장 큰 아이가 열세 살로 다들 아직 어린데도 집안일을 열심히 돕는다. 그

리고 여자아이들은 재봉틀을 무척 능숙하게 다루는데, 이들이 입은 옷도 물론 전부 집에서 직접 만든 것들이다. 아마도 오래전부터 전해진 옷 패턴으로 만든 한결같은 디자인의 옷일 것이다. 100년 전에도, 100년 후에도 이 옷차림 그대로이려나.

메노나이트 마을에선 전기를 사용하지 않아 해가 지고 나면 집 안이 금방 어두워지고 만다. 석유램프에 불을 붙이는 안주인에게 "저녁엔 뭘 드세요?" 하고 물었는데 역시나 배시시 수줍은 웃음뿐이다. 안 되겠다, 아이들에게 물어봐야지. "평소에 뭘 먹니?" 그러자 부엌 찬장에서 몇 개의 커다란 유리병을 들고 나와 보여주는데, 망고와 파인애플 등의 과일을 잘게 썰어 꽉꽉 눌러 담은 것과 오이, 양파로 만든 피클이 가득하다. 고기와 곡물을 익힌 것도 역시 병조림을 하는데 이렇게 만들어 놓은 것은 일 년 이상 보관할 수 있다고 한다. 그 외엔 그때그때 농사지은 것을 먹는단다. 여행지의 먹거리가 나에겐 제일 흥미진진한 주제라 메노나이트들은 어떤 음식을 주로 먹는지 무척 궁금했는데 이들은 뭐랄까, 욕구를 꾹꾹 억누르는 듯한 느낌이었다. 허기만 채우고 끼니만 때우면 됐지, 왜 특별히 맛있고 호사스러운 음식이 필요하냐라는 것이다. 아니, 그렇게 말씀하시면 아침을 먹으면서 점심 메뉴를 고민하는 제가 뭐가 되나요.

이들은 음식뿐 아니라 다른 많은 욕구도 억누르고 또 억누르는 모습이 보인다. 금욕적인 생활을 중요시해 꼭 필요한 것이 아니면 사치품이라고 생각한다고. 여행 중인 지금 내 모습은 액세서리 하나 없고 화장도 하지 않은 민낯과 편한 옷차림이지만, 여행을 마치고 귀국한 후엔 아침마다 눈썹을 그리고 립스틱을 칠한 후 옷장 앞에 서서 뭘 입을까 고민할 것이다. 조금이라도 예뻐 보이고 싶으니까. 그런 나의 즐거움이 메노나이트에게는 사치스러운 일, 이들의 교리에서 금하는 죄악일 수도 있겠구나 싶어 기분이 묘하다.

마을 안에는 학교와 교회가 있어 종교 교리에 입각한 교육을 받게 된다. 남자아이들은 열세 살까지, 여자아이들은 열한 살까지 학교에 다니는 게 전부라고 한다. 분명 개중에는 공부를 더 하고 싶어하는 아이도 있을 것이다. 어느 나라에선 너무 공부를 많이 시켜서 문제이고, 또 어느 나라에선 너무 적게 시켜서 문제로군. 메노나이트의 세계를 외부인인 내 시선과 잣대로 판단할 수는 없겠지만 2년 전 졸업하고 집에서 동생을 키우는 열세 살짜리 맏딸과 이야기를 하다 보니 마음이 편하지만은 않았다. 어릴 적 책에 코를 박고 하염없이 읽었던 기억이 떠올라서였다. 욕심껏 참 많은 책을 읽었더랬다. 다양한 문화권의 다양한 작가가 쓴 책들, 여행을 꿈꾸게 해준 책들이다. 그걸 이곳 아이들과 공유할 수 있다면….

벨리즈 국기로 장식한 거리 퍼레이드 차량. 아이들에게 사탕을 던져주어 더욱 인기 있다.

축하해요,
독립기념일!

　약 3주간 여행하는 동안 벨리즈는 내내 축제 분위기였다. 내가 온 게 반가워서 그런 거라면 좋겠지만 그럴 리가 없지. 실은 아주 운 좋게도 벨리즈의 독립기념일 축제 기간과 여행 기간이 딱 겹쳤더랬다. 독립기념일이라면, 분명 우리에게도 8월 15일의 광복절이 있지만 TV로 기념행사를 시청한다든가(5분 만에 채널을 돌리지만) 각자 집에서 국기를 단다든가 하는 것 외엔 딱히 광복절을 기념하기 위해 하는 일이 없다. 게다가 부끄럽게도 최근에는 국기를 다는 것을 잊고 넘어가는 경우가 잦아졌을 정도로 광복절에 대해 무덤덤해지고 말았다. 그냥 하루 노는 공휴일이라는 느낌이다. 그런데 벨리즈에선 놀랍게도 열흘쯤에 걸쳐 길고 긴 축제를 벌인다. 정확히는 열하루 동안.

　옛날 옛적 18세기에 지금의 벨리즈 지역을 두고 스페인과 영국 간에 전투가 벌어졌고 여차여차 영국군이 큰 승리를 거두었단다. 이후 이 지역은 영국의 식민지(영국령 온두라스)가 되었는데, 1950년부터 원주민들이 독립운동을 시작해 드디어 지난 1981년에 영국으로부터 정식으로 독립! 스

페인과의 전투에서 승리한 날인 9월 10일 내셔널 데이national day부터 독립기념일인 9월 21일까지 쭉 축제 기간으로 지정했다니, 그야말로 통 큰 축제다. 클래식과 힙합을 넘나드는 다양한 장르의 거리 콘서트라던가 댄스 경연대회, 미인 선발대회, 화려한 의상의 거리 퍼레이드 등 쉴 새 없이 행사가 계속되는 걸 보니, 이 사람들, 기운도 좋아!

특히 '퀸 오브 더 베이Queen of the Bay'라는 명칭의 미인 선발대회를 통해 독립기념일의 여왕을 뽑는데 운 좋게 올해의 여왕을 만날 기회를 얻어 가벼운 대화를 나눌 수 있었다. 이런저런 이야기 끝에 조심스럽게 나이를 물었는데 역시나 "숙녀의 나이는 묻지 말아 주세요"라는 똘똘한 대답이 돌아왔다. 나중에 슬쩍 프로필을 확인해 보니 열여덟 살 소녀. 누군가 나에게 나이를 물으면 나도 이렇게 대응해야지. 열여덟 살에게 큰 것 하나 배우는 삼십대 여인이다.

드디어 9월 21일, 독립기념일 당일의 아침이 밝았다. 지난밤 자정을 넘어서까지 콘서트와 불꽃놀이로 떠들썩했던 벨리즈시티의 아담한 공원은 오늘도 북적북적하다. 공원으로 향하는 도중 만난 동네 사람들 모두 잔뜩 흥분 상태다. 벨리즈 국기를 모티브로 한 모자와 티셔츠를 입고 심지어 기르는 개에게도 국기로 옷을 만들어 입힌 아저씨에게 굉장하다고

인사를 건네자 그쯤은 아무것도 아니라며 소매를 쓱 걷어 팔뚝을 보여준다. 어라, 뭐지? 바짝 다가가서 보니 'Belize'라고 아예 문신까지 새겨 놓았다. 세상에, 나라 이름 문신이라니! 입이 딱 벌어진다. 자전거를 직접 개조해서 만들었다는 독특한 탈것을 영차영차 타고 가는 가족들도 있다 (편해 보이지는 않았다). 벨리즈를 상징하는 색깔인 파란색과 빨간색, 하얀색의 깃발로 장식해 아이들을 태워 공원으로 향하는 모습을 보니 다들 무척 즐거워 보여 나까지 흥이 났다. 이들에게는 국가의 독립이 동시대의 사건인 것이다. 여전히 식지 않은, 감격스러운 마음이 전해졌다.

공원에 도착하니 벨리즈 제일의 축제답게 먹을거리도 가득했다. 푹 삶거나 얇게 썰어 바삭하게 튀긴 초록색 바나나(플란테인), 구수한 라이스 앤 빈스, 드럼통을 개조한 그릴 위에서 연기를 펄펄 뿜으며 지글지글 익어가는 바비큐 등등. 아침 식사를 거르고 달려오길 참 잘했다니까! 모두 맛있어 보였지만 그중에서도 특히 거대한 들통 가득 펄펄 끓고 있는 국물 요리에 시선이 딱 꽂힌다.

동네 식당에서도 수프를 주문해 먹을 수 있긴 하지만 그래도 요런 건 대량으로 세월아 네월아 푹푹 끓여야 국물 맛이 깊고 진하게 우러나니까. 어디, '블루 크랩 수프' 맛좀 볼까? 블루 크랩은 말 그대로 푸른빛의 민물 게다. 차를 타고 고속도로를 달리다 보면 이 블루 크랩들이 도로를 가로질러 건너는 모습을 종종 보게 되는데, 처음엔 내 눈을 의심할 정도로 그 생소한 모습에 경악했더랬다. 쟤네 뭐야, 저러다 차에 치이겠네! 실제로 매년 더운 계절이 되면 수많은 게가 뭍과 물 사이를 이동하다 차에 치여 죽는다고 한다. 그렇다 보니 고속도로 주변엔 으깨진 게 껍데기며 살점, 게 특유의 비린내가 진동하는 것은 물론이다. 이 시기엔 봄철에 산나물을 캐는 사람들이나 가을철에 밤이며 도토리를 줍는 등산객처럼 적지 않은 사람들이 양동이와 막대기를 들고 와서 요 블루 크랩을 잔뜩 잡는다. 직접 요리해 먹기도 하고 팔기도 하는데, 한 양동이에 1BZD(0.5US$) 정도니 무척 싸다! 축제 현장에서 한 그릇 사먹은 따끈한 수프엔 블루 크랩뿐 아니라 풋고추처럼 생겼지만, 전혀 맵지 않은 채소인 오크라okra와 초록색 바나나도 듬뿍 들어가 있어 질감이 걸쭉하고 맛도 복잡하다. 거기에 코코넛 밀크의 향기도 더해지니 요거 별미네.

　속이 뜨끈해지는 국물 요리라면 '카우 풋 수프'도 절대 빼놓을 수 없다. 벨리즈 고유의 독특한 음식 중 하나인데 이름 그대로 우족탕. 벨리즈에선 돼지고기와 닭고기는 무척 인기 있지만 뜻밖에 쇠고기의 소비량은 적은 편이란다. 하기야, 길거리 드럼통 바비큐 노점이나 식당의 메뉴판에서도 쇠고기 스테이크 등을 본 기억은 별로 없네.

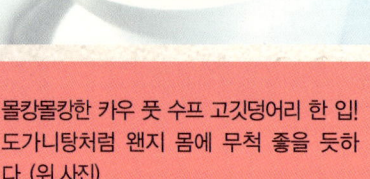

몰캉몰캉한 카우 풋 수프 고깃덩어리 한 입!
도가니탕처럼 왠지 몸에 무척 좋을 듯하
다.(위 사진)

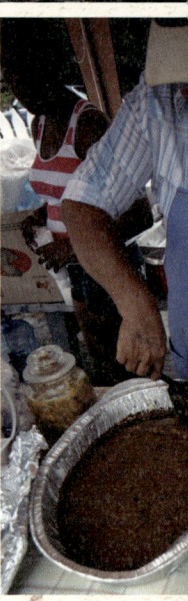

하지만 요 카우 풋 수프만큼은 해장용으로 무척 인기가 있다. 우족을 깨끗이 씻은 후 끓는 물에 집어넣어 우선 20분가량 익힌 다음 물을 쫙 따라 버리고 다시 끓인다. 우리나라에서라면 익히기 전에 찬물에 담가 핏물부터 뺄 텐데 나라마다 조리법이 다르다. 달라서 구경하는 재미, 먹는 재미가 있다. 여기에 타임thyme과 오레가노 oregano, 코리앤더coriander 같은 허브를 넣고 우족이 부드러워질 때까지 푹푹 끓인다. 감자와 당근, 양파, 마늘 등의 채소와 마카로니를 넣고 더 끓여서 익히다 슬슬 다 되었다 싶을 무렵 소금과 후추로 간을 하면 완성. 재료도 재료지만 포인트는 역시 '세월아 네월아 끓이기'다. 한 숟갈 떠서 호로록 들이마시니 위아래 입술이 쩍쩍 달라붙을 정도로 진국이다. 허브도 어쩜 이렇게 향기로운지. 우리나라에선 어머니들이 여행 가시기 전에 곰탕을 한 솥 끓여 놓고 나가신다는데, 벨리즈에선 그게 카우 풋 수프 한 솥이 아닐까? 여기에 라이스 앤 빈스, 즉 팥밥을 곁들이니 한국 생각이 절로 난다. 블루 크랩 수프든 카우 풋 수프든 혹은 바비큐든 뭐든지 주문하면 라이스 앤 빈스는 기본으로 넉넉하게 퍼준다. 벨리즈에선 배가 고플 새가 없다니까요.

배가 부르니 디저트는 그냥 패스? 그럴 리가. 달콤한 고구마 푸딩으로 입가심해야지. 카리브해 연안의 고유 음식으로, 날 고구마를 벅벅 갈아 설탕을 듬뿍 뿌리고 코코넛 밀크를 섞어 잘 휘저은 후 연유와 버터, 바닐라 향료, 건포도를 더해 오븐에 집어넣고 구워 만드는 것인데 푸딩이라고 하지만 사실 케이크 같은 질감이다. 여기에 포인트로 후추와 생강, 계피, 정향 같은 알알하고 알싸한 향신료가 넉넉히 들어가 그저 달기만 하지 않은 매력적인

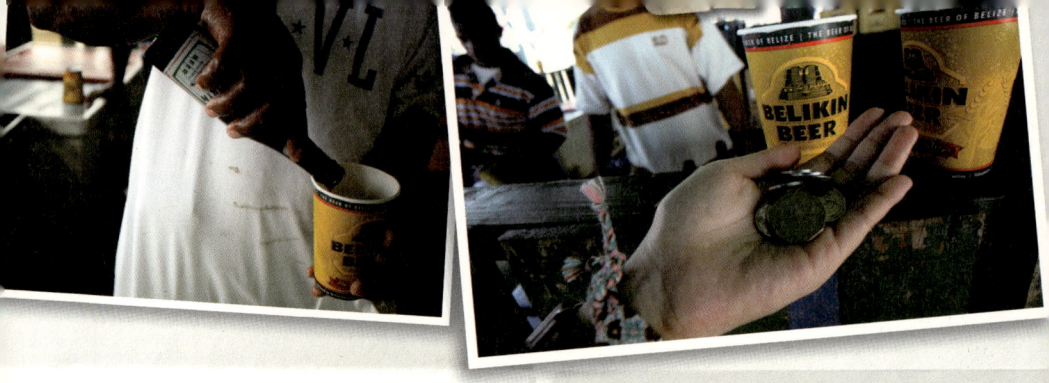

맛을 낸다. 이 고구마 푸딩을 큼직하게 한 조각씩 잘라 일회용 접시에 담아두고 판매하는데, 그 앞에다가는 감자 푸딩potato pudding이라고 써 붙였길래 감자로 만든 디저트인가 했지만 알고 보니 여기서 말하는 potato는 sweet potato, 즉 고구마다. 이 사람들이 헷갈리게 왜 이럴까. 그렇지만 뭐, 달콤하고 맛있으니 아무렴 어때. 코코넛 밀크 향기도 참 좋다. 동남아 음식이든 카리브해 연안의 음식이든, 코코넛 밀크가 들어가면 왠지 이국적인 느낌이 난다.

　아까부터 사람들이 와글와글 모여 있는 제일 큼직한 천막 부스는 역시 벨리즈 제일의, 실은 벨리즈 유일의 맥주인 벨리킨 판매장이다. 맥주를 주문하면 유리병에 담긴 걸 다시 종이컵에 콸콸 따라서 담아준다. 축제 기간이다 보니 혹시 모를 사고를 미리 방지하려는 것이겠지? 차가운 맥주를 꿀꺽꿀꺽 마시며 주변을 돌아보니 지난 몇 주간 여행을 하며 눈으로, 입으로 실컷 맛본 벨리즈 음식들이 이곳 독립기념일 축제 현장에 다 모여 있다. 축하해요, 독립기념일!

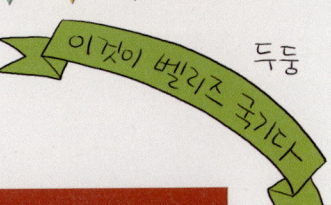

이것이 벨리즈 국기다

두둥

가운데 나무는
벨리즈 주요 수출품
마호가니 나무

손에
들고 있는건
초기 정착민의
생활도구들

왠지
무시무시 ㅋ

50개의
잎사귀는
1950년을
상징함

국기가 처음
만들어진 해!

사람이 그려져 있는
유일한 국기래요~

원주민과 이주민을 표현

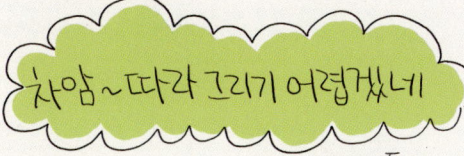

차암~따라 그리기 어렵겠네

벨리즈에도
국기 그리기 숙제가 있을라나

음식 이름 찾아보기

미식여행가 신예희가
세계 낯선 나라에서 음식 즐기는 법

여행, 잘 먹겠습니다 1

초판 1쇄 발행 2012년 8월 24일
개정판 1쇄 발행 2018년 3월 16일

지은이 신예희
펴낸이 이범상
펴낸곳 ㈜비전비엔피 · 이덴슬리벨

기획편집 이경원 심은정 유지현 김승희 조은아 김다혜 배윤주
디자인 이은주 조은아 임지선
마케팅 한상철 금슬기
전자책 김성화 김희정 김재희
관리 이성호 이다정

주소 우) 04034 서울시 마포구 잔다리로7길 12 (서교동)
전화 02)338-2411 **팩스** 02)338-2413
홈페이지 www.visionbp.co.kr
이메일 visioncorea@naver.com
원고투고 editor@visionbp.co.kr
인스타그램 www.instagram.com/visioncorea
포스트 post.naver.com/visioncorea

등록번호 제2009-000096호

ISBN 979-11-88053-21-6 14980
　　　　 979-11-88053-20-9 14980(set)

이 도서의 국립중앙도서관 출판시도서목록(CIP)은 서지정보유통지원시스템 홈페이지(http://seoji.nl.go.kr)와
국가자료공동목록시스템(http://www.nl.go.kr/kolisnet)에서 이용하실 수 있습니다.(CIP제어번호 : CIP2018007475)